集成创新设计论丛（第二辑）

Series of Integrated Innovation Design Research Ⅱ

方海　胡飞　主编

互意：交互设计的个性化语言

Mutual Understanding:
Personalized Language of
Interaction Design

纪毅　著

中国建筑工业出版社

图书在版编目（CIP）数据

互意：交互设计的个性化语言／纪毅著. —北京：
中国建筑工业出版社，2019.11
（集成创新设计论丛／方海，胡飞主编. 第二辑）
ISBN 978-7-112-24578-9

Ⅰ. ① 互… Ⅱ. ① 纪… Ⅲ. ① 人－机系统－系统设计
Ⅳ. ① TP11

中国版本图书馆CIP数据核字（2019）第286364号

　　本书提出了关于交互设计的新观点。交互设计是设定一种人与物之间的交流模式，在人和交互物之间创建有意义的个性化互动。交互设计的个性化语言是将复杂的交互内容通过语言系统帮助使用者构建个人与交互对象的个性化交互。本书旨在让交互设计者对交互设计有一个更深入的理解，尤其是对交互设计语言的认知与应用。书中详细描述了个性化交互语言的组成元素和基本结构，并通过对特定交互产品的解析来说明交互设计语言在实际交互设计中的应用。

　　本书适合不同层次的交互设计从业人员使用，包括研究人员、程序开发人员、交互设计师等，同时可以作为交互设计相关专业学生、教师以及对交互设计感兴趣的读者的学习参考书。

责任编辑：吴绫　唐旭　贺伟　李东禧
责任校对：芦欣甜

集成创新设计论丛（第二辑）
方海　胡飞　主编
互意：交互设计的个性化语言
纪毅　著

*

中国建筑工业出版社出版、发行（北京海淀三里河路9号）
各地新华书店、建筑书店经销
北京锋尚制版有限公司制版
北京中科印刷有限公司印刷

*

开本：787×1092毫米　1/16　印张：7½　字数：152千字
2019年11月第一版　2019年11月第一次印刷
定价：46.00元
ISBN 978-7-112-24578-9
（35030）

序

都说，这是设计最好的时代；我看，这是设计聚变的时代。"范式"成为近年来设计学界的热词，越来越多具有"小共识"的设计共同体不断涌现，凝聚中国智慧的本土设计理论正在日益完善，展现大国风貌的区域性设计学派也在持续建构。

作为横贯学科的设计学，正兼收并蓄技术、工程、社会、人文等领域的良性基因，以领域独特性（Domain independent）和情境依赖性（Context dependent）为思维方式，面向抗解问题（Wicked problem），强化溯因逻辑（Adductive logic）……设计学的本体论、认识论、方法论都呼之欲出。

广东工业大学是广东省高水平大学重点建设高校，已有61年的办学历史。学校坚持科研工作顶天立地，倡导与产业深度融合。广东工业大学的设计学科始于1980年代。作为全球设计、艺术与媒体院校联盟（CUMULUS）成员，广东工业大学艺术与设计学院坚持"艺术与设计融合科技与产业"的办学理念，走"深度国际化、深度跨学科、深度产学研"之路。经过30多年的建设与发展，目前广东工业大学设计学已成为广东省攀峰重点学科和广东省"冲一流"重点建设学科，在2017和2019软科"中国最好学科"排名中进入A类（前10%）。在这个岭南设计学科的人才高地上，芬兰"狮子团骑士勋章"获得者、芬兰"艺术家教授"领衔的广东省引进"工业设计集成创新科研团队"、国家高端外国专家等早已聚集，国家级高层次海外人才、青年长江学者、南粤优秀教师、青年珠江学者、香江学者等不断涌现。"广工大设计学术月"的活动也在广州、深圳、佛山、东莞等湾区核心城市形成持续且深刻的影响。

广东工业大学"集成创新设计论丛"第二辑包括五本，分别是《无墙：博物馆设计的场域与叙事》《映射：设计创意的科学表达》《表征：材质感性设计与可拓推理》《互意：交互设计的个性化语言》《无废：城市可持续设计探索》，从城市到产品、从语言到叙事，展现了广东工业大学在体验设计和绿色设计等领域的探索，充分体现了"集成创新设计"这一学术主线。

"无墙博物馆"的设计构想可追溯至20世纪60年代安德烈·马尔罗（André Malraux）的著作。人与展品的互动应成为未来博物馆艺术品价值阐释的重要方式。汤晓颖教授在《无墙：博物馆设计的场域与叙事》一书中，探索博物馆设计新的表现介质与载体，打破"他者"在故事中所构建的叙事时空，颠覆了传统中"叙事者"和"观赏者"之间恒定不变的主从身份关系，通过叙事文本中诸如时空、人物、事件等元素的组织序列，与数字化交互技术相结合，探索其内容情节、时间安排和空间布置，形成可控制的、可操作的、可体验的和可无限想象的新的场域与叙事艺术及设计方法。

贺继钢副教授在《映射：设计创意的科学表达》中，分析了逻辑思维、形象思维和直觉思维在创意设计中的作用，介绍了设计图学的数学基础和工程图样的基本内容及相关的国家标准,以及计算机绘图和建模的方法和实例。最后,以定制家具企业为例,介绍了在信息技术和互联网技术的支撑下,数据流如何取代传统的图纸来表达设计创意,实现数字化设计、销售和制造。通过这个案例,让不同专业的人员理解科技与设计融合的一种典型模式,有助于跨专业人员进行全方位的深度合作。

材质的情感化表达及推理是工业设计中的重要问题。张超博士在《表征:材质感性设计与可拓推理》中,以汽车内饰为研究对象,在感性设计、材质设计中引入可拓学的研究方法,通过可拓学建模、拓展、分析和评价,实现面向用户情感的产品材质设计过程智能化,自动生成创新材质设计方案。该书研究材质感性设计表征及推理规则,旨在探索解决材质感性设计在创意生成过程中的模糊性、不确定性和效率低下等问题。

纪毅博士在《互意:交互设计的个性化语言》中积极探索支持人类和各种事物之间有效交流的共同基础。通过创建一个个性化的交互产品,用户可以有效地与交互项目进行通信。通过学习交互设计语言,学习者将从不同的角度设计交互产品,为用户创造全新的交互体验。

垃圾问题是一项关乎民生和社会可持续发展的社会问题。萧嘉欣博士秉持着批判和反思的立场,在《无废:城市可持续设计探索》中重新审视城市中的垃圾问题及其可持续设计的方向。萧博士希望通过对物理、社会和文化因素的分析,让人作为人,空间作为空间,深刻反思一下人与空间究竟是何种关系?人与垃圾之间的关系又是如何?什么才是适合现代人的居住环境?我们该如何构建可持续城市?

"集成创新设计论丛"第二辑是广东省攀峰重点学科和广东省"冲一流"重点建设学科建设的阶段性成果,展现出广东工业大学艺术与设计学院教师们面向设计学科前沿问题的思考与探索。期待这套丛书的问世能够衍生出更多对于设计研究的有益思考,为中国设计研究的摩天大厦添砖加瓦;希冀更多的设计院校师生从商业设计的热潮中抽身,转向并坚持设计学的理论研究尤其是基础理论研究;憧憬我国设计学界以更饱满的激情与果敢,拥抱这个设计最好的时代。

胡　飞

2019年11月

于东风路729号

前　言

　　交互式产品的设计目标是设计一个既能发挥功能，又能进行交流的产品。换句话说，我们不是简单地设计一个产品以及设定人们如何使用它，同时也要理解它对人们来说意味着什么。我们在设计、建筑等方面也有与之相对应的语言来进行表达。设计语言可能不像口头或书面语言那样直截了当和容易理解，然而，特定领域的语言使得设计及建筑代表设计者向他人传达了有意义的意图与目的。

　　人机交互可以看作是人与人之间的交流方式的一类延伸，在这种交流中，一个交互产品，如电脑，是作为设计者的代理人而存在的。换句话说，当交互系统可以成功地进行交互使用时，用户就可以与交互产品进行有效的交流。所以，交互设计必须是与人们在日常生活中沟通和交流紧密相关的。如何有效地识别交互设计模式并使交互方式能够更加个性化，以及使用交互语言在用户和计算机之间建立平衡、双向、自然的沟通关系是这本书里的重要内容。

　　为了更好地理解如何创建一种交互语言来支持人和交互产品之间进行有效地交互，本书将会详细论述构成交互语言的元素和基本结构。随后，该交互语言的应用将通过创建不同的个性化交互产品来展示。

　　1. 编写此书的动机

　　Harrison等人提出了HCI中的三种范式，第一种是"人因工程"，第二种是"认知革命"，第三种是"情境视角"。向第三种范式转变的趋势是显而易见的，主要体现在以下几个方面，第一，对用户环境动态特性认识的增强；第二，更多地体现在社会性和互动情境中；第三，与学习认知环境有关的问题；第四，在非任务型导向信息处理当中的技术（如环境接口和以经验为中心的设计）；第五，情绪在人机交互中的作用（Lim et al., 2008）。设计这种包容性交互的基本目标是创建交互模式，以自然的方式引出对交互产品质量、影响和情感的预期感知。

　　这促使我们在设计交互产品的过程中探索一种新的设计方法，使系统更容易、更主动地了解并适应用户的个人需求。如果没有对特定的交互系统有全面的了解，用户将很难与交互产品（计算机）建立有效的沟通关系。用户交互体验的水平在很大程度上取决于用户和技术在特定的环境中是如何进行协作的。尽管现在也存在很多设计方法，如人性化设计、体验设计、情感设计和美学设计增加了设计师对用户的能力和需求的理解程度（Stanton et al., 2004），但这些方法在设计实践中也存在一定的局限性，有证据表明许多设计方法的结构和用户的思考方式及工作习惯是不匹配的（Waller et al., 2009）。因此，Norman指出了用户和交互产品之间出现的"鸿沟"：一个是"执行鸿沟"（用户的使用意图以及他们对产品如何帮助他们实现这些意图的感知之间的鸿沟）；另一个是"评估鸿沟"（用户对产品变化状态的感知与产品实际变化状态之间的鸿沟）（Norman，2002，Norman，1988）。简而言之，在用户与计算机的交互过程中，人机之间的沟通问题不断产生，从而导致沟通错误与用户体验感不良的情况发生。

2. 编写此书的目标

本书旨在帮助读者研究如何有效地识别交互设计模式并使交互方式能够更加个性化，以及使用交互语言在用户和计算机之间建立平衡、双向、自然的沟通关系。当用户在不同的环境中与计算机交互时，这将为用户提供更灵活、更合适的体验过程。

为此，本书将从两个方面进行探索：

（1）从用户个人的角度，以个性化交互为中心，生成一种可理解的交互设计语言模式。

（2）评价交互设计语言模式在用户研究中的作用。

3. 谁该阅读此书

（1）交互设计人员以及其他希望在人与交互产品之间创建有意义的交互关系的实践者。

（2）交互设计专业领域的相关参与者、希望更好地理解人机交互的意义的学习者，在这种人机交互中，我们是如何将计算机转变为设计师的代理者的，当产品研发完成以后，用户可以有效地与交互产品进行沟通。

4. 你能从这本书中学到了什么

读者将会找到这个问题的答案："我们如何创建个性化的人机交互，促进用户和计算机之间的全面沟通？"读者将了解到，为了解决用户的问题，优化用户与特定系统的交互模式，我们需要在用户与计算机之间建立用户导向型的交互关系。平衡用户和计算机之间的对话是设计这种"交互设计语言"的基本考虑。

因此，我们提出了一种新的交互设计方法：交互语言设计模式（ILDP）。交互语言设计模式（ILDP）旨在帮助设计者构建一种特定领域的交互语言（DSIL）来创建能够适应特定用户个性化人机交互模式，从而促进个性化的人机交互模式的发展与进步。ILDP旨在帮助用户用他们的语言来证明以及建立他们的人机交互关系。

本书包含三个重要部分：

（1）创建一个交互设计模式来支持个性化交互产品的设计与创造。

（2）根据交互设计模式创造一个交互产品，以展示交互设计师是如何使用交互语言设计模式（ILDP）来实现个性化交互设计。

（3）以用户体验的质量来评估最终的设计产品，分析ILDP的优势，以确定用户体验是否为积极的，并确定ILDP的优缺点。

5．为什么要学习交互设计

交互系统的日益复杂化给交互设计带来越来越多的新挑战和新问题。本书的目标是创建新的交互框架，将普罗大众的认知和行为收集到交互设计程序中，给用户带来愉快的用户体验感受。本研究从如何根据用户个人需求创造交互产品的角度为交互设计提供了一个新的视角。

本书的一个特别目的是解释如何集成用户的个人行为和体验感受来引导交互设计，而不仅仅对其进行假设或建模。通过阅读这本书，读者可以看到超越一般交互概念（形式化的行为）的表象。通过采用这种方法，我们可以通过共同开发、共同创建和共同拥有来增加实现个性化交互设计系统的可能性。同时，本书对不同的群体来说会有不同的意义。

（1）对研究人员：本书提供了一个研究分析的工具，研究人员可以通过它来探索各种交互语言，建立用户和计算机之间的个性化交互关系。

（2）对设计师：本书提供了一个交互语言设计模式（ILDP），以帮助设计师生成领域特定的交互语言（DSIL），构建一个基于动态交互情景的交互框架，并允许生成个性化人机交互模式。

6．本书框架

第1章：什么是交互

本章讨论了人机交互始于人们对以人为中心的交互活动的研究。指出交互设计的重点是如何设计出一种可以增强和扩展人们沟通、交互和工作方式的交互产品。同样地，交互设计协会也为交互设计明确目标：交互设计的基本目的是帮助用户与系统进行有效的沟通。

第2章：探索人机交互的意义

本章回顾了人机交互设计领域的相关研究。第一部分通过对人际交往和双向交往的研究，探讨了人际交往的基本原则。第二部分分析了HCI的不同交互模型，以及会话交互语言和由此产生的交互体验。文献综述强调了当前交互的设计方法、工具和语言中存在的问题，并表明需要对个性化交互产品的设计方法进行进一步的研究。

第3章：人机交互与语言的应用

本章回顾了评价人机交互设计产品的方法。本书描述了可用性测试的两个方面：产品可用性测试和用户体验。可用性测试是通过一种新的交互方式进行的，侧重于评价人机交互的效率。本书还将讨论产生这种方法的各种理论、形式和设计框架。用户体验研究的目的是获得新的知识和深入理解人与计算机之间在不同的层面的交互方式，包括本能、行为和情感三个层面。

第4章：交互设计的问题

本章介绍了交互语言设计模式（ILDP）。在第一部分中，根据人类交流的原则，本书提出了一个构建交互语言的理论框架的建议，以建立用户与计算机之间的有效沟通关系。本章的剩余部分主要集中在两个方面：首先，对交互语言结构的描述；其次，交互语言发展的三个层次：交互语言的产生、交互语言的感知和交互语言的运用。

第5章：交互设计语言

本章介绍如何使用该语言完成一个设计案例。我们将展示如何制作一个基于交互语言设计模式（ILDP）的绘图系统原型。在第一部分，我们根据ILDP的理论框架建立了一个绘图系统的语言交互原型。在第二部分，我们提出并分析了用户在使用纸质模型后的反馈信息。这种用户研究的重点是探索不同的用户交互体验。结果表明，交互语言可以帮助用户与计算机建立适当的、愉快的交互关系。

第6章：交互设计的个性化语言应用

本章针对运用交互语言设计模式（ILDP）进行人机交互设计的系统原型进行系统的可用性测试。详细描述了测试的过程和结果，并分析了可用性测试的意见。

第7章：结论

本章总结了作者对交互语言设计模式的相关研究工作，并对人机交互设计提出了一些未来的挑战性问题。首先，作者认为交互语言设计模式提供了一种建立有效的人机交互的方法、对用户在其特定情况下的个人需求作出回应。其目的是使交互能够反映出终端用户的视角，依赖于他们的背景知识和能力，而不仅仅是基于预先设计好的交互技术和表单。正如我们所展示的，与其他类型的交互相比，这种类型的交互有潜力提供更有效的交互，用户认为这种交互是"自然的"。未来工作的主要挑战是构建一个更强大的DSIL来优化用户和计算机之间的交互。

目 录

第 1 章

什么是交互

1.1 有效的人机交互

以人为中心的交互活动始于人们对人机交互的研究（Petra Sundström，2005）。
交互设计的一个主要任务是将科技世界与人类世界结合起来（Kaptelinin & Bannon，
2012）。所以，Rogers等人指出，交互设计的重点是如何设计出一种可以增强和扩展
人们沟通、交互和工作方式的交互产品（Rogers et al.，2011）。同样地，交互设计
协会也为交互设计明确目标：交互设计的基本目的是帮助用户与系统进行有效的沟通。
他们认为，这是通过定义系统对用户交互的操作反馈来实现的，从而创建一个基于真
实用户（目标、任务、经验、需求和期望）理解的有意义的对话模式，使这些需求在
业务目标和技术能力之间达到平衡的状态（IxDA，2014）。

然而，人机交互（HCI）设计作为一个复杂的设计系统，其面临的最大的问题
是：设计人员对交互的定义与用户本身对交互的定义是不相同的。这就导致了人机
界面的操作发生越来越复杂的情况（Huang，2009）。这是因为用户和计算机之间
的交互关系（包括特定的接口和交互模式）通常是由交互设计人员而不是实际用户
创建的。为了建立以用户为中心的交互关系，用户应被允许完全控制其与机器的交
互活动。换句话说，为了在给定的约束条件下提供最合适的交互活动，我们需要尽
量地减少用户想要建立的认知模型和计算机对用户任务的理解之间的障碍（Rogers
et al.，2011）。否则，对用户来说，人机交互模式是不完整且不平衡的（Andreev，
2001）。

如果用户能够使交互方式变得个性化，我们相信交互的质量将会大大提高。这种
方式与主流的交互方式不同，后者认为交互模式主要是由交互设计者创造和决定的。
设计人员提供标准、通用的解决方案来解决针对个人用户的、具体的和个别的问题。
而且重要的是我们需要认识到用户的个性化交互方式比人们都普遍接受的一般交互方
式更依赖于流程：解决问题的方式可以从根本上改变用户对问题的评价（Kohlhase，
2008）。

Beaudouin-Lafon认为，用户不仅被动地适应新技术，而且还根据自己的需求适应和使用新技术（Beaudouin-Lafon，2004）。我们面临的挑战不仅是要随时随地以任意形式向人们提供信息，更重要的是要在正确的时间以正确的方式提供正确的信息（Fischer，2001）。以交互质量为核心的人机交互设计的新设计理念为人机交互设计提供了一个新的视角（Ryu & Monk，2009）。然而，设计这样的人机交互产品也给我们带来了一些新的挑战。

第一个挑战是交互设计师越来越多地发现自己的想法已经超越了当前许多可用交互系统的设计，而且被期望讲述一个具有如何与计算机交互丰富体验的故事（Lim et al.，2008）。正如McCarthy和Wright所说，用户的体验是由人的行为、感知、思考、感觉和意义生成的，包括他们在具体情境中对产品的感知和感觉（McCarthy & Wright，2004）。这意味着用户体验设计需要关注交互体验的质量，从而让用户在交互过程中能够感觉到难忘、满意和享受，并且有一定的收获。如果我们决定将这些想法付诸实践，在没有用户积极参与与配合的情况下，我们去设计以用户的交互体验为主的交互产品是非常困难的。

第二个挑战是如何采用用户的动态交互体验感受来改变交互活动。McCarthy和Wright认为体验不能被分解成不同部分，必须作为一个整体进行理解，因为体验感受是根据用户身体感知的各个部分之间的相互连接而得出的（Wright et al.，2008）。正如我们所看到的，在构建有意义的人机交互方面，交互包括人、技术、活动和交互发生的背景。这一背景包括更广泛的社会和文化背景以及使用的直接背景。

第三个挑战是如何在不同范围的用户和计算机之间建立交互关系，以达到不同的目的，如工作、思考、交流、学习、批评、解释、辩论、观察、决定、计算、模拟和设计等。要建立如此全面的人机交互关系，我们需要一个强大的交互工具，而且它不能将用户的交互方式约束在一个固定的交互模型中。

应对上述挑战的方法是在用户和计算机之间建立一个以语言在人类计算机通信中的使用为中心的相互对话的模式。其基本思想类似于将语言结构应用于交互设计的一些设计方法中，即将语言设计方法应用于界面设计和人机交互设计中。（Tidwell，1999，Andreev，2001）（Bueno and Barbosa，2007，1998，Clay and Wilhelms，1996，Branigan et al. 2010）。Erickson提出将模式语言（PL）作为HCI设计的通用语言的概念，并声称它们是"……一种以设计为目的的通用语言"。其理念是，"所有利益相关者都可以使用一种通用语言，尤其是那些在传统设计过程中被边缘化的人——用户。"（Erickson，2000a）此外，为人机交互创建一种通用语言的概念已经被许多HCI研究人员和实践者倡导并一直努力地进行实践（Borchers，2000）（Denef and Keyson，2012）。

1.2　人际交往及其构建基础

　　广义的人类沟通是"经验的分享"，而人际沟通是人们沟通的基本形式（Tubbs，2010），经常表示成我们分享经验的方式。为了系统地了解如何在不同的交际参与者之间建立有效的互动，这其中也包括人与交互产品之间的沟通，我们先要研究人们在日常生活中的人际交往以及其特征。由此，我们采用基于活动交际认知方法（ACA）来探索如何在人类和各种交互产品（如计算机）之间进行有效的交互。活动交际认知方法（ACA）是由Allwood提出并发展起来的（Allwood，1976，Allwood et al.，1992，Allwood，1977，Allwood，2007），该方法被广泛应用于研究建立人们日常交际关系的关键特征（Jokinen，2009）。

　　从ACA的角度看人际交往有以下特点：

　　（1）会话参与者之间的协作交互过程。会话参与者的理想合作具有共同目标、认知考虑、道德考虑和信任的特征。

　　（2）支持全面（完整）的交互模式，包括接触、感知、理解和反应。

　　（3）发生在不同的层面：生理、生物、心理和社会组织层面。

　　（4）建立在交流参与者理性行为的基础上。在这种行为中，当参与者的目标被认为是"目的理性化"并被储存起来以备不时之需，他们的成就会得到嘉奖。理性不是特定行为的属性，而是与参与者的目标和所处环境有关。它会被编码在用于实现一定目标的推理过程中：理性行为是一个过程概念，如果在最开始就没有可以驱动交流的双方进行交互活动的话，交流是不存在的（Allwood，1976）。

　　综上所述，人际交往是以交流过程中参与者的需求得到理解为基础，贯彻支持并满足交流参与者的期望或目的。

　　另外，人们的交流是多模态的，它结合了语言和非语言的互动。Stivers和Sidnell指出，从定义上讲，面对面的互动是多模态互动，参与者可以捕捉到一系列有意义的面部表情、手势、身体姿势、头部运动、单词、语法结构和韵律轮廓（Stivers and Sidnell，2005）。Kendon更进一步解释了多模态人际沟通是通过以下过程建立起来的：

　　过渡到意有所指的表情或类似语言的表达并涉及作为一个整体的手、身体、脸、声音和嘴巴的变化。现代人们在进行面对面交流的时候，总是把面部表情、肢体动作和声音结合在一起形成复杂的组合排列来表达出他们的意思。每一种使用到语言的表达方式都把语音和语调的模式完全地融合在一起。停顿和节奏不仅表现在听觉上，也表现在运动上……（Kendon，2009）

　　因此，有效的人际互动建立在语言和非语言互动的综合沟通中。这包含了两个基本因素：一是可以支持人们交流的有效共同语言；二是为了相互沟通而在不同层次上构建相互理解的交流基础共同点。

接下来我们首先研究语言的基本功能，即人们如何使用语言进行交流，语言是如何决定人们的行为方式（Winograd，1986，Krippendorff，2005）。其次，我们将探讨人们如何通过整合语言和非语言的互动来建立各种共同的交流基础。

1.3　人类对话中的语言应用

语言是最重要的沟通方式，因为语言帮助人们处理信息与他人分享，并指导他们的行为（Winograd，1986）。Allwood将我们日常的语言交际定义为一种理性的、合作性的活动，可以帮助交际参与者们进行有效的沟通与合作。参与交际活动的人们在交流中都具有一定的角色，这些角色进一步决定了他们的交际活动（Allwood，1976）。换句话说，会话参与者的行为是有意的、有目的的和有意控制的。

关于语言产生和使用的整个历史，这里就不一一详细叙述了。然而，本书将通过建立一种交互设计语言来探索语言是如何支持人们日常交流的。在下一章节中，我们将详细说明人际协作所需的自然语言的基本特征和功能。

日常生活中人们虽然意识到他们在使用语言进行交流与沟通，但他们几乎意识不到他们在说话、倾听或阅读时发生了什么事。Krippendorff认为，语言的使用可以从四个方面进行概括化（Krippendorff，2005）：

（1）符号与符号系统；

（2）个人表达的媒介；

（3）说明的媒介；

（4）协调语言使用者的感知和行动的过程。

我们可以看到，在人们的自然交际中，语言根据会话参与者的需求，扮演不同的角色，发挥不同的功能，可以根据会话参与者的需求来支持不同的交际活动。我们下面来具体地分析说明语言是什么。

首先，语言是由符号组成的系统，是表示物理世界中所指对象的媒介。Halliday认为，语言是基于系统功能语言学（System - Functional Linguistics，SFL）系统来表达知识或表达意义的工具。从这个角度看，语言是一种主要用来记录特定信息的媒介，对不同的人来说具有不一样的意义（Halliday，2002）。

其次，语言是个体表达的媒介。语言是用来表达人们对外部世界的个人体验与自身意识的内部世界相结合的内容。如Halliday指出的，语言可以发挥一种"观念功能"，为体验提供一个观察世界的模式结构，进而帮助人们确立他们看待事物的方式（Halliday）。因此，人们可以获得和利用语言来表达他们的思想与经验，达到与他人交流的目的。在日常的人际交往中，人们可以通过结合词汇、语法等语言的各种基本元素，根据自己的意图来表达自己的意思。

最后，语言是人们相互协调感知和行动的一种方式，也是交流参与者的依赖工具。语言协助人们构建对彼此的感知以及对艺术作品本身概念的理解。Pappas指出，"语言不是一种工具，而是一种真正的媒介，是理解的中介物，是人类能够形成共同理解的基础，这包括从艺术团体到哲学运动的理解，再到最严格的科学和学术界的理解。"基于这一重要前提，笔者希望能够通过对语言和语言学在这一新的"语言"形成过程中所起的重要作用的认识，使读者顺其自然地认识到这一新的"语言"（Pappas，2011）。

另外，Dearden指出，"从实用主义的角度，特别是'话语'和'言语类型'的角度，他发展了一种与'物质话语'相关的设计说明。此外，体裁的一个关键概念是在考虑说话者与观众的经历是如何影响表达话语的形式时产生的。"（Dearden，2006）

在人机交互方面，语言作为一种说明媒介，与人们使用语言来产生意义有紧密关系。通过有意义的交互重新组合产生了新的内容，并依赖于交互参与者来决定交互意义是否能够准确地传达并具有解释的合理性。

1.4　相互交流的基础

使用语言来构建人们交流的共同点是我们要强调的主要内容，并为进一步的对话创造新的共同点（Clark，1996）。通过对人们日常交流的研究，我们认识到用户的交互体验和反应在交互过程中会不断发生变化。此外，用户的体验和反应是由每个用户对其交互的观点和理解所主导的。这反过来又建立在用户的交互语义图像的基础之上（Zhuge，2010）。

同时，Zhuge在此文章中提到，用户的交互语义[①]是一个语义网络，连接特定分类空间中的对象或点，这个空间在通信参与者之间是共享的，如图1-1所示。因

---

① 交互语义：用户从交互系统的外观、行为和可用性中识别的含义。用户的交互语义不同于设计师的交互语义，设计师的交互语义是基于对的二阶理解来构建特定的交互产品（Krippendorff，2005）。

此，随着用户的动态交互语义图像发生变化，用户的交互概念也会相应发生动态变化。他将人的互动语义图像描述为分类空间中个体之间可共享的对象或点的网络。网络通过不断地互动来构建和进化。他进一步指出，语义图像的演化导致了各种交互语义的形成（Zhuge，2010）。根据Zhuge的定义，对象和概念被放置在不断演化的分类空间中，这些分类空间进一步生成不同的类和子类。对象的语义图像从形状、颜色、纹理、位置和声音等多个方面反映对象的属性和分类。个体的语义图像是个体分类空间中的对象或点的网络。"规则"是两个节点之间的直接或间接关系（Zhuge，2010）。

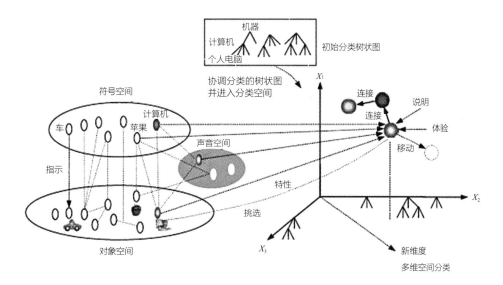

图1-1　交互语义图像流程图（Zhuge，2010）

在当前的人机交互设计实践中，交互概念是通过整合各种交互语义而形成的，并在两个层面上传递给终端用户：一是物理层面，是指交互产物在可用性方面的属性；二是以用户与产品交互的体验为中心的认知水平。目前，在交互设计领域中，为了实现上述的交互设计概念，设计人员使用不同语言的语义语法来构建这些交互语义，并将其交付给不同层次的终端用户。例如他们使用编程语言来实现与用户物理交互相关的以对象为中心的交互概念。同时，基于用户的认知体验，他们采用模式语言来构建以体验为中心的交互概念。具体来说，这些交互语法通过定义交互产品和用户的操作来形成用户和交互产品之间的交互关系，即通过什么手段、如何满足具有特定意义的交互。因而，设计人员关心的是设计交互，就像简述勾画交互的故事一样，描述用户如何完成不同任务的过程。

1.5　本章小结

拥有一种能够帮助用户具体说明交互内容和处理其个人交互语义交流的语言，让用户具有与设计人员类似的能力将是至关重要的。同样地，Forlizzi和Battarbee指出，有意义的交互设计应该允许用户通过富有表现力的交互来表达个人的概念和产品或产品的某些方面的关系（Forlizzi & Battarbee，2004）。因此，通过使用语言来构建个性化的人机交互是主要目标，允许用户在交互过程中逐渐形成他们自身的价值判断。这意味着用户的交互模型应该共存并相互支持，并在人机交互中发挥不同的作用（Zhuge，2010）。从这个角度来看，个性化交互需要通过实现终端用户的概念和动态交互语义来进行交互的过程，而不是通过固定的交互模型来约束用户。

第 2 章

探索人机交互的意义

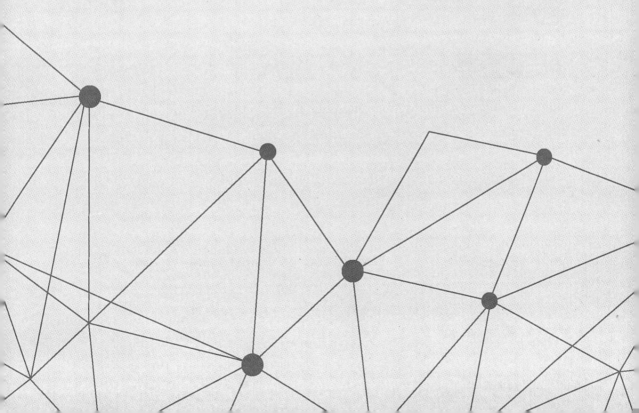

2.1 人机交互的定义

交互设计就是关于"如何优化用户与系统、环境或产品的交互，以有效、实用的方式支持和扩展用户的活动"（Rogers et al., 2011）。目前人机交互（HCI）的关注点已经由主要关注产品的可用性和功能性，转变成关注用户体验的质量（Giaccardi et al., 2013）。Harrison等人确定了HCI中的三种范式，第一种是"人因工程"，第二种是"认知革命"，第三种是"情境视角"（Sengers et al., 2009）。向第三种范式转换的变化是显而易见的，主要体现在以下几个方面，第一，对用户环境动态特性认识的增强；第二，更多地体现在社会性和互动情境中；第三，与学习认知环境有关的问题；第四，在非任务型导向信息处理当中的技术（如环境接口和以经验为中心的设计）；第五，情感在人机交互中的作用（Harrisonet al., 2011）。因此，要创造人机交互的产品，我们必须超越狭隘的可用性范畴，考虑提高和增强人们的工作效率、交流水平和使用乐趣程度（Wright et al., 2008）。

Preece和Rogers认为交互设计包含几个重要的步骤。这些步骤包括：根据目标和意图招揽客户；制定不同的任务和子任务；在执行这些任务的同时在物质层面上得到反馈，并进行情感上的反馈思考（Preece & Rogers, 2007）。在设计过程中，设计师必须认识到将影响任何产品和环境交互的用户体验过程中的每一个因素。一般来说，这些因素在三个不同的层次上发挥作用：本能层面、行为层面和反思层面（Norman, 1988）。此外，Norman表明，如果产品能够满足用户以上三个层次的需求，设计人员就有可能创造出具有感染力的交互产品（Norman & Draper, 1986, Norman, 1988）。

设计有效的交互产品的主要目的是将用户特征、硬件属性、交互情景等各种关键因素以合适的方式结合起来，构建独特的人机交互框架，帮助用户实现自己的需求和目标。关键的挑战是：我们将如何建立交互关系，以自然的方式激发用户对交互产品的品质、影响和情感的期望感知?

在接下来的章节中,各种人机交互体验、交互语言与用户体验将通过对用户的体验调查来分析人机交互的质量,并找出人机交互存在的问题。

2.2　有意义的互动

如今,交互设计变得越来越重要。一直以来,许多研究者都认为人机交互(HCI)的设计本质上是一个交流的过程。例如,Langdon等人认为可用和可访问的产品需要匹配用户对产品的理解和需求(Langdon et al.,2012)。交互设计作为控制和实现人机对话的一种方式,已经成为人机交互的一个重要方式,并被HCI的许多设计师和研究人员所接受(Dubberly et al.,2009)。在这种方式中,设计师通过组合不同的对象来传达不同的内容和意义,从而创造出不同的交互艺术品(Polovina & Pearson,2006)。因此,交互产品应是设计师向用户传达的一种信息,代表设计师认为的关于用户的问题、需求和偏好。通过这样的信息,设计师直接或间接地告诉用户其构思及设计该交互产品时的想法(Bueno & Barbosa,2007)。

为了建立双方相互理解且有效的对话,在交流中采用用户的观点和需求是至关重要的。在人们面对面的交流中,对话被视为一种协作活动,用来帮助参与者们建立相互理解且有效的对话(Tubbs,2010)。当下,一些广泛使用的设计方法侧重于根据用户的角度和需求设计交互产品。这些方法包括:计算机支持的协同工作(CSCW)、以用户为中心的设计(UCD)和用户体验设计(UED)。这些方法侧重于帮助计算机更好地支持人类工作(Eseryel et al.,2002)。其他方法如情感体验侧重于创建理想的用户体验模型,包括以用户特征为基础的用户体验设计(UXD)(Wright et al.,2008)。然而,令人遗憾的是,在已建立的人机交互系统中,与设计师相比,用户对计算机上运行的程序的更改能力较弱。此外,Langdon指出"……目前许多设计师没有使用任何工具来支持他们将产品的预期设计与用户对所使用产品的理解相匹配"(Langdon et al.,2012)。更确切地说,目前的人机交互产品是不平衡和不完整的(Andreev,2001)。

这种力量的不平衡反映出有效的人机交互应该建立在以用户为中心的交流之上,包括众多交流参与者之间的展示、讨论、分歧和协作。这些参与者包括设计人员、用户、软件工程师和参与开发特定交互产品的其他涉众。为了纠正这种不平衡,我们需要深入了解人们在日常交流中的行为,这就要求我们探索人类交流是如何被定义和构建的。

2.3 人机交互的体验

交互体验设计关注的是用户与交互产品在各类交互的情景中的交互过程
（McCarthy & Wright，2004）。而交互设计更多的是探索如何将人类的认知系统和产品的性能整合到一个有意义的交互产品中，从而对用户的交互体验感受产生直接影响。这意味着适当的交互系统必须与用户的个人目标和需求相匹配，并根据用户目标和需求能够不断进行改进，以便自然地完成用户特定的任务。

研究表明，构建有意义的人机交互模式，产生令人满意的用户体验，需要交互方式尽可能与日常交流的方式相同。这种沟通应遵循人际互动的原则，主要体现在两个方面：一是支持不同层次的沟通；二是引导用户获得预期的情感体验。

为了有效地分析不同的交互框架和他们的相关经验，本书参考了Forlizzi和Ford创建的交互体验评估框架（Forlizzi & Ford，2000）。这个框架全面且系统地描述了用户与产品的交互活动及体验感受。当前的交互风格（包括交互工具和交互实体）在接下来的几章节中将按上述的框架分类。通过这种分类，不同用户在上述人机交互中产生的体验感受，我们也将通过调查得出。此外，本书还探索了用户交互活动和用户体验之间的相互关系，并提供了一种可以用来帮助交互设计者设计在交互产品的同时还能让用户从交互中获得他们期望的体验方法。

根据Forlizzi和Ford创建的交互体验评估框架，交互和用户体验可以分为三类：流畅交互、认知交互和表达交互。针对这几个类别，对应的交互体验也可分为：体验、经历和共同体验（Forlizzi & Ford，2000），如表2-1所示。

与人机交互相关的用户体验框架概述　　　　　　　　　　　　　　表2-1

用户的交互产品类型	描述	示例	体验类型	描述	示例
流畅交互	自动化与熟练的产品交互	骑自行车； 制作早上的咖啡； 浏览掌上电脑来查看日历	体验	当我们与产品交互时，不断地出现"自言自语"的情况	在公园里散步； 做家务； 使用即时性的通信系统
认知交互	仅关注现有产品的交互；导致知识信息混乱错误	试图识别国外厕所的冲水装置； 使用在线代数导师解决一个数学问题	一种体验	可以命名或链接一个开头和结尾，以激发行为和情绪上的改变	坐过山车； 观看一部电影； 发现一个感兴趣的在线社区
表达交互	帮助用户与产品建立起互动关系的交互方式	修复一把椅子，并把它涂成不同的颜色； 为智能电话设置背景图像； 在复杂的软件中创建工作区	共同体验	通过使用产品来创造交互的意义和情感	通过博物馆展览与他人进行交互； 对于某人一个朋友改造的厨房进行评论； 与朋友一起玩短信游戏

2.3.1　流畅的互动和体验

根据 Forlizzi 和 Ford 对于人机交互体验框架的概述，当交互是"流畅互动类型"的时候，交互产品并不只是为了吸引我们的注意力，还可以将人们的注意力集中在特定的交互行为和其结果上（Forlizzi & Ford，2000）。当然，这种互动主要集中在特定的人类活动上，如直接操作和工具互动。这种相互作用的一个重要特征就是它是线性的。一般来说，线性交互被主循环分割成独立的块（Myers，1991）。Usman Haque 认为，此类的人机交互，如打字、点击和拖动，都不是有意义的交互活动。它们仅仅是一种行为反应，就像人们经过自动门时，自动门会自动打开一样（Haque，2006）。

进行这种交互的顺序遵循一个逻辑流程，用户需要遵循这个逻辑流程才能有效地完成任务。在这方面的一个例子是通过触摸接口来控制对象运作。Usman Haque 认为，对于现有的人机交互，是由输入和输出组成的传递函数设定，而在交互活动中，交互的结果应该是动态的、理性的（Haque，2006）。具体来说，在动态交互活动中，输入影响输出的精确方式可以由终端用户进行更改。这是在与陈述（小部件如何显示）、行为（它如何回应用户输入的信息）和应用程序接口（它如何发出状态更改的信号以及应用程序更改状态的操作）相关的各个角度进行的。因此，流畅的交互在与特定交互产品的直接交互中运作良好，但在复杂的交互任务中的交互效果不佳（Beaudouin-Lafon，2004），例如，将用户的抽象概念转换到计算机执行的程序时就很难完全实现（Oviatt，2003）。

用户的体验是我们在有意识时不断进行"自我对话"的一部分。它是根据产品的可用性制定的。用户的个人特征对用户交互体验的质量有显著影响，然而并未被考虑在内（Forlizzi & Battarbee，2004），如表2-2所示。

流畅的交互与用户体验			表2-2
用户—产品交互模型	交互模型的关键特性	用户交互体验	示例
流畅的交互	固定输入和输出；标准接口	可用性经验	工具交互—点击下一页的按钮

2.3.2　认知互动与体验

第二种交互类型是认知互动。认知互动可以产生知识，但如果产品与我们之前产生的交互体验的感受都不匹配时，也会导致人与交互产品互动出现问题（Forlizzi & Ford，2000）。内嵌式交互属于这种类型的交互。通常，设计人员的组合交互系统可为用户提供不同情景下进行分支的决策点。

由认知交互模型生成的交互模式为用户提供了一个更有用的抽象级别，可以帮助用户理解他们与计算机的交互活动。它通过一个假设模型对交互进行的设计，包含了对使用者的认知模型和交互产品的定义与构建，包含认知和系统的两个方面。换句话说，交互设计师是在从推理认知过程中得到并产生了某些东西的基础上开始进行交互设计的。因此，设计人员可以使用适当的设计迭代方案，运用分析方法发现相关的设计问题，以了解真实用户的交互需求和交互情景。与此同时，认知交互模型比流畅交互模型具有更全面的设计元素，因为它试图减少人机交互当中不匹配的观点去解决一些常见的交互问题，从而提高用户的交互满意度（Guarino & Poli，1995）。如上所述，以人为中心的交互设计方法试图根据不同用户完成任务的方式和用户的反馈来调整他们的设计决策（Ryu & Monk，2009）。

然而，这种类型的交互模型只能满足用户在一定层次和场景的交互需求。一方面，如果设计师在开始设计的时候从工作实践的细节考虑，他们将更容易设计出与人们行为和技术使用方式相匹配的系统。这样做的好处是可以设计出更适合说明和解决以人机交互为核心的问题的工作系统（Suchman，1987）。另一方面，认知交互模型的范围往往过于广泛，设计师需要花费很多的时间来建立一个更完整的交互认知模型，然后使用一个单独的系统模型来进行测试（Ryu & Monk，2009）。在设计师分析理解的基础上，认知交互模型试图包含尽可能多的用户模型信息（Krippendorff，2005）。最终，设计者理解的结果将决定如何绘制各种接口（GUI、TUI）以及进行交互活动（multimodal）。

认知交互模型的一个例子是语义用户界面（Semantic User Interface，SUI），它包含了通过研究用户而获知的具有特定语义的内容片段（Tilly & Porkolab，2010）。这些知识用于在使用应用程序的同时生成用户心理状态的各种模型。语义是执行者根据在系统分析和设计过程中获得的应用领域信息编码成的程序组件和数据结构。因此，交互基本上被视为用户心理模型与应用程序中包含的领域知识之间表达的映射。目前，这种映射是通过硬编码来实现，包括使用特定于应用程序的关联使用事件来处理程序这种相对简单的协议，是应用于用户界面、应用程序及系统组件之间的。我们将此特性称为用户界面和底层应用程序层之间的强语义交互，认知交互与用户体验（Tilly & Porkolab，2010），如表2-3所示。

认知交互与用户体验 表2-3

用户交互模型	交互模型的关键特性	用户交互体验	示例
认知的交互	适应性强、接口和会话交互	一种操作体验（参与）	使用Microsoft Word或绘图系统完成特定的任务

对于构建一个完整且合适的交互产品来说，最大的挑战是如何设计一个能够自适应的界面，这迫使设计师必须处理好定制化交互产品与用户之间的鸿沟（Bentley & Dourish，1995）。定制化的鸿沟表现为界面和应用程序功能之间的不匹配程度，换句话说，系统没有反映系统用户的定制需求（Bentley & Dourish，1995）。Bentley还指出，要创建一个协作系统，我们需要"一种将重点是建立在定制化上的方式和方法，而不是另一种将重点放在固定的交互行为控制系统上，尤其是呆板的结构与范式"。他强调系统开发，用户可以通过适应这些系统去满足他们自身的需求，而不是被某种交互形式所约束他们如何执行工作的某种模型的交互系统所操纵（Bentley & Dourish，1995）。

另外，认知交互的另一个挑战是，当前的用户建模是建立在描述性理论的基础上的，设计师很难运用于实践（Langdon et al.，2012）。例如，人类学方法不能为设计师提供一个全面的设计框架，特定用户的心理模型又不够稳定可靠，所以无法创造出全面的交互产品（Langdon et al.，2012）。

因此，认知交互模型在特定的交互情境下对某些用户非常有效，但对其他用户来说可能效果较差，因为不同的用户对同一件物品有不同的认知能力和反应。正如我们所看到的，认知交互模型通常集中于设计一个明确的交互框架，如创建界面和指定交互模型，而不是提供一个用户和计算机的协作媒介。在很多情况下，设计师更注重把交互的方式与用户当前的能力相匹配。因为人类的个体发展以及自身其他各方面的问题并没有得到充分的解决。所以，我们认为根据个人情境创建有效交互的最佳方法是允许用户形成与计算机个性化的交互关系。因此，为了能创造有效的交互产品，交互设计人员在构思以及设计的过程中必须考虑到用户具体的独特的认知模型和特征。

2.3.3　富有表现力的互动与体验

第三种互动类型是富有表现力的交互。富有表现力的交互是帮助用户与产品或产品的某些方面形成关系的交互方式。一般来说，认知交互模型集中于设计一个明确的交互框架，例如创建界面和指定交互模型，而不是提供一个让用户和计算机协作的媒介。在许多情况下，设计人员更注重把交互方式与用户当前的能力相匹配。这一概念在我们之前提到的认知交互模型设计方法中进行了强调。虽然交互透视图设计方法没有完全解决人的个体发展和反思问题，就个体情境而言，创造有效交互过程的最佳方法是允许用户建立并塑造自己与计算机的交互关系，所以交互产品在设计的过程中必须考虑到用户的个人特征。

最终，通过富有表现力的交互，用户可能会始终如一地将他们的意图和情感传达给一个交互产品并能接受到适当的反馈信息。所以，个性化交互是从富有表现力的交互和语义用户界面派生出来的，如表2-4所示。

富有表现力的交互以及用户体验			表2-4
用户交互模型	交互模型的关键特性	用户交互体验	示例
富有表现力的交互	个性化的互动模式和语义的用户界面	共同的情感体验	以个人的方式操作系统

在下一章中，本书将讨论如何使用不同的语言来生成上述富有表现力的交互，在此基础上，我们还会给出一种可以通过自然语言与人机交互相结合来创造交互的方法。

2.4 本章小结

在本章中，我们探讨了交互设计和评估人机交互，对潜在的终端用户和常见的人际沟通技能有了一个全面的了解（Card et al.，1986）。这些技能随着我们感知世界的感官能力而发展；也随着我们通过肢体动作和与他人使用语言进行有意义的交流来对物体发挥作用的能力而发展。为了使人机交互更加高效和具有意义，我们必须理解如何在人机交互设计中支持用户构建个性化的交互方式。因此，我们研究了人与人之间的交流原理，并明确说明了自然交互的一些重要特征，这些特征可以为设计交互产品的设计人员提供一定的指导。同时，我们也可以看到在当前的交互设计方法中，对人机交互的某些重要特征的忽略导致了用户在交互的过程中产生不良的体验感受。

人机交互模式也可以看作是一种动态生成的交际情境的一部分。在这种情境下，参与者对交互的过程和流程有着各种各样的期望。在下一章中，本书将研究现有的有关人机交互的重要问题。同时，我们将探索如何解决人机交互的过程中出现的特定问题以及面向个性化交互设计的方法。

第 3 章

人机交互与语言的应用

第2章中探讨了人们交流的原理和语言在日常交际中的功能。本章将定义研究交互设计模式的途径和方法，以支持特定领域的交互语言的个性化用户交互模式。首先，进行了方法论综述（第3.1节）。其次，详细说明了本使用的研究方法，并介绍了本研究背景下的研究评估标准，以及数据收集和数据分析的方法（第3.2节和第3.3节）。最后，描述了交互语言的可用性测试结果。

3.1 人机交互设计方法

在上一章中，我们首先分析了语言在人们交流过程中的功能与作用，然后我们认为通过构建一个允许用户进行个性化交互的特定领域的交互语言[①]，从而在用户和交互系统[②]之间建立有效的交互关系是有可能的，而且个性化交互模式由语义交互语言（Kohlhase，2008）组成，语义交互原型可以根据用户的交互意义创建合理的交互模式，从而使用户获得理想中的交互体验过程。为了实现这一目标，本书提出了一种交互语言设计模式Interaction Language Design Pattern（ILDP）来实现个性化的人机交互，其是一种基于语言体系的交互方式的实现。而特定领域的交互语言则需要我们通过不同的使用情境的交互方式来实现。

在此方法中，交互设计人员指定视觉、声音、手势输入等，这些输入用于通过定义良好的特定领域交互语言模式为特定的终端用户（例如插图画家、小说家等）创建交互系统。然后，用户可以通过自定义特定领域的交互语言使交互系统更加个性化。

---

① 特定领域的交互语言：一种特定的视觉、声音，用于向特定的终端用户传达交互系统的交互含义。

② 交互系统：某种用户可以与之互动的交互产品，例如Photoshop系统。

为了评估所提出的设计模式在支持个性化人机交互系统的创新方面对设计师的支持程度，我们选择了一种常用的评估方法：使用ＤＥＣＩＤＥ框架来收集和分析数据（Rogers，2011）。该工具提供了一个模板来帮助我们设计评估方法。评估的架构和步骤如下：

（1）确定评估处理的总体目标。

（2）探究需要回答的具体问题。

（3）选择评估范例和评估技巧来回答问题。

（4）确定必须解决的实际问题，例如如何选择参与者。

（5）决定如何处理道德问题。

（6）评估、解释和呈现数据。

我们的主要目的是为了建立并评估一种构建系统的设计方法，它支持终端用户和计算机之间的个性化交互模式。正如我们在第1章中所讨论的，研究问题是如何创建一个促进用户与计算机之间全面沟通的个性化人机交互模式框架。为了评估ILDP是否有助于设计人员在不同用户和交互系统之间创建有效的交互模式，以及用户如何体验交互系统给定的交互过程，我们需要某种形式的可用性测试来得到答案。

这里有许多不同的评估方法，其中一些直接涉及用户本身，比如可用性测试（Nilesen，1996），还有其他的并不直接涉及用户的评估方法，如预测分析评估（Nielsen，Tahir & Tahir，2002）。根据不同的环境，评估测试可以在不同的情况下进行，如在实验室、日常的工作环境或家庭环境中。

一般来说，主要有三种评估方法：实地研究、预测分析评价和可用性测试（Preece & Rogers，2007）。每一种方法都基于一组不同的数值和假设。此外，不同的评价方法采用的数据收集和分析技术也不一样。

第一种评价方法是实地研究。实地研究的特点是它们是在人们的日常环境中进行的，目的是了解人们日常生活中都有什么活动以及产品是如何协调他们的活动的。但是实地研究更适合以下目的：

（1）帮助寻找开发新技术的机会或建立设计需求。

（2）促进技术引进。

（3）在新的环境中部署或评估现有技术（Holtzblatt，2005）。

第二种评价方法是预测分析评价。这种方法由两个部分组成："第一部分内容是检测现有的，包括启发式评估和预期流程预演；第二部分内容是基于理论的模型对用户的表现进行预测"（Rogers，Sharp & Preece，2011）。这些方法的一个重要特征是不需要用户参与（Nielsen，Tahir & Tahir，2002）。其思想是，常规用户的知识库构成了用于确定可用性问题的既定设计指南的基础。

第三种方法是可用性测试，其主要目的是评估用户对产品的反应（Rubin & Chisnell，2008）。可用性测试是20世纪80年代的主流方法（Whiteside et al.，1998）。到目前为止，可用性测试仍然是交互设计中一个核心方面。用户测试是测试初步原型最合适的方法（Rogers，2011）。

一般来说，可用性测试涉及用户调研、典型任务、典型用户性能和经验（Sharp，Rogers & Preece，2007）。例如，评估通常侧重于记录用户所犯错误的数量和种类，以及用户完成特定任务所需的时间（Bevan，1999）。此外，可用性测试的定义的特征是环境测试和测试格式，都是由评估人员预先设置的（Bailey et al.，2009）。这种可用性测试过程通常发生在实验室或半实验室里，用户没有被他人或周围环境所打扰，如跟同事交谈、检查电子邮件或任何与测试无关的事情。对于这种形式的可用性测试来说，开发一个能够被不同用户有效使用的产品原型尤为重要。根据ISO 9241可用性标准，可用性测试有三个基本标准：完成效果、使用效率和用户满意度（Thomas & Bevan，1995）。

在考虑了以上不同的评估方法后，我们认为可用性测试是最适合本研究的方法，原因如下：

（1）可用性测试侧重于测试一个完整的交互产品的使用过程，以探究用户在使用该产品时遇到的任何问题。

（2）可用性测试的评价结果是人机交互设计中的一个重要评价标准。

（3）可用性测试提供了用户交互过程的全面数据以及使用特定交互产品的体验感受。

可用性测试评估方法的目的是测试新的交互设计模式是否能提升用户与交互产品之间的交互质量。而且此方法的使用过程中必须有一个前期使用后的原型，它反映使用此模式创造的交互产品是如何执行用户设定的任务以及响应用户的活动的。

首先，我们认为，用户与新产品交互的个人体验过程最好通过评估原型来观察。其次，使用可用性测试的第二个好处是它是一种标准方法，而且在工业领域已得到了广泛的应用。最后，可用性测试可以提供一种有效的方法来收集用户交互过程中的数据、用户的交互体验感受以及建议。在本研究中，我们创建了多个使用ILDP的系统原型，以回答两个关键问题：

（1）对用户来说，特定领域的交互语言在使用交互产品的时候有用吗？

（2）当用户与交互产品进行交互时，用户是否会有愉快的交互体验？

在下一节中，我们将说明如何使用可用性测试方法来评估使用新设计模式构建的特定交互系统。

3.2 人机交互体验设计

为了得到用户对研究原型全面的反馈信息，我们采用了一系列的数据收集方法，这里列出了以下几类。

3.2.1 数据收集：观察法

观察法有助于研究人员了解在某种情况下发生的事情的具体情况，并通过观察和倾听来了解发生了什么（Morse & Richards，2002）。它被描述为"社会和行为科学中所有研究方法的基础"（Adler & Adler，1994）。正如Rogers等人指出的，在产品开发的任何阶段，观察都是一种有用的数据收集方法（Rogers，2011）。例如，在交互产品设计的早期阶段，观察的方法可以帮助设计师识别用户的需求，从而构建相对应的交互原型。在第二阶段，通过调查研究原型对任务和目标的支持程度，来帮助设计人员对产品原型进行评估。

在这项研究中，评估者面临的一个重大挑战是如何在不干扰被观察对象的情况下对被观察对象进行观察。在本研究中，为了尽量减少对用户的干扰，我们为可用性测试设置了实验环境，以防止参与者受到他人或其他事物的干扰。这意味着在测试期间，我们不能随意和被观察者交谈，他们被要求集中精力完成任务，除非他们提出关于任务的疑问需要我们解答。

用户测试表现：

通过测量用户使用特定产品的表现以比较两个或更多设计原型是用户测试的主要目标。通常，用户测试是在一个受控的环境中进行的，一般情况下，测试会使用特定的用户来执行特定的使用任务。

在本研究中，我们制作了一组基本的绘图任务来测试用户的表现。对语言交互原型和高保真原型都进行了测试。在用户体验研究中，用户需要使用Photoshop CC 2017和基于交互语言设计模式的原型这两种不同的绘图系统来完成这些任务。

为了评估用户表现，我们列出了成功完成预定义任务的标准。第6章描述了这三个绘图任务。在收集数据之后就可以分析参与者的表现，例如完成一项任务所花费的时间、出错的数量以及产品的导航路径都会被记录下来。此外，完成任务所需的时间会在视频和交互日志数据中自动记录下来。结合访谈和问卷调查的数据可以帮助我们全面了解参与者的表现。

3.2.2 数据采集：访谈

采访（访谈）可以被认为是有目的的对话（Kahn & Cannell，1957）。访谈与普通谈话的相似程度取决于需要回答的问题和所使用的方法。访谈主要有五种类型：开放式访谈、非正式访谈、结构化访谈、半结构化访谈和小组访谈（Fontana & Frey，1994）。这些类型的访谈与采访者预先设定的问题的控制程度有关。

最合适的访谈方法取决于评估目标、需要解决的问题以及采用的范例。例如，如果目标是获得用户对新设计理念（比如界面）的第一印象，那么非正式的、开放式的访谈通常是最好的方法。但是，如果目标是获得关于特定设计的特性的反馈，比如新交互模型的布局，那么结构化访谈或问卷调查通常更好。这样选择的原因在于后者的目标与问题的设定更加具体。

在语言交互原型研究中，我们采用了半结构化访谈的方法来收集数据。半结构化访谈结合结构化和开放式访谈的特点，使用封闭式和开放式问题进行访谈（Rogers，Sharp & Preece，2011）。换句话说，通过半结构化访谈，采访者可以从预先设定好的问题开始，然后向被采访者提出一些开放性问题，了解他们的想法，而且半结构化访谈的主要特征是没有标准答案或预先设定好的回答。被采访者有更多的时间和机会来表达他们想要表达的。所以，半结构化访谈使我们能够了解用户对使用特定交互语言的纸质原型的看法，以及他们对新的交互设计的个人印象，由此我们可根据绘图系统的用户分析对特定领域的交互语言的可用性有更深的了解。

为了做到这一点，访谈的问题由封闭式和开放式问题组成。

封闭式问题侧重于获得关于特定设计目标或特性的反馈。这项研究中的问题有：

（1）你在使用这个绘图系统画画的时候觉得更有创造力吗？

（2）你在使用绘图系统做你想做的事情的时候感觉容易吗？是否随心所欲？换句话说，你觉得系统能够理解你想要它做什么吗？

（3）你喜欢这种绘图方式吗？

开放的问题涉及探索用户的个人体验，产品如何支持他们完成特定的任务，以及还需要哪些支持。问题如下：

（1）你觉得这个绘图系统怎么样？

（2）你是如何使用绘图系统来完成任务的？

（3）你觉得使用绘图系统有什么问题或困难吗？这些问题和困难是什么？

（4）你最喜欢这种绘图方式的哪个方面？

（5）你最不喜欢这种绘图方式的哪个方面？

（6）总的来说，你享受使用这个系统进行绘图的过程吗？

（7）你对此还有其他看法吗？

3.2.3　调查问卷

问卷调查是一种成熟的收集用户数据与用户意见的方法。Sharp等人提到，措辞清晰的问卷对于确保研究人员能够有效地收集参与者的数据来说尤为重要。因此，通过一份精心设计的问卷我们可以非常容易地从某一部分人群身上得到特定问题的答案（Sharp, Rogers & Preece, 2007）。对这两种设计进行比较是做调查问卷的主要目的。

问卷的重点是比较参与者使用绘图系统的交互体验过程与感受，并根据我们创建的任务进行设计。为了确保问题的措辞清晰和恰当，所有的问题都建立在一个通用的问卷格式上：用户交互满意度问卷（QUIS）。用户交互满意度（QUIS）问卷由马里兰大学人机交互实验室开发，是目前应用最广泛的界面评价问卷之一（Chin et al., 1998, Shneiderman, 1998a）。该问卷的优点是它经过了多次改进，并被许多评价研究所采用，具有可用性和有效性。问卷由12个部分组成，内容如下：

（1）系统体验（即使用系统的时间）

（2）过去的体验（即用户使用其他系统的经验）

（3）整体的用户反应

（4）界面设计

（5）术语及系统资料

（6）学习（即学习操作系统）

（7）系统功能（即执行操作所需的时间）

（8）技术手册和在线帮助

（9）在线教程

（10）多媒体

（11）电话会议

（12）软件安装

基于用户交互满意度调查问卷的基本形式，我们制作了一个更具体的用户满意度调查问卷。为了探索参与者的交互体验，我们根据参与者的互动水平创建了三组不同的问题，包括本能层面、行为层面和情感层面（Norman & Draper, 1986）。问卷如表3-1所示。

用户交互满意度问卷问题列表	表3-1

产生的问题

1.1	我能有效地进行绘画。
1.2	学会绘画是非常容易的。
1.3	发现很难找到我需要的工具。
1.4	对于该系统界面设计还是挺满意的。
1.5	这个系统具有我所期望的所有功能。
2.1	这样进行绘画让我感觉很不舒服。
2.2	当我这样绘画的时候，我感觉更有创造力。
2.3	完成任务是很容易的。
2.4	完成这项任务化了太长时间了。
2.5	我发现这种互动很吸引人。
2.6	我喜欢这种绘画方式。
3.1	使用这个系统是令人愉快的。
3.2	使用这个系统很难表达自己的想法。
3.3	使用系统绘图会感觉到"自然的"。
3.4	你对这个系统的整体印象如何？
3.5	这个系统很新颖。

　　不同类型的问题需要不同类型的回答。问卷采用了两种不同类型的评定量表：李克特量表（Likert scale）和语义差异量表。李克特量表用于判定意见、态度和信念，因此被广泛用于评估用户对产品的满意度（Allen & Seaman，2007）。例如，可以使用包括一系列数字（1~5）或词语（非常不统一、中立、同意、非常同意）的李克特量表来收集用户对其交互产品的体验意见。

　　语义差异量表用于研究用户对特定交互产品的两极态度的问题。每对态度都用一对形容词表示（Bradley & Lang，1994）。在极端情况下，参与者被要求在两个极端之间选择一些位置，以表明与两个极端的一致。例如，为了评估用操作绘图系统来绘制图片的交互活动，参与者被要求在人工与自然之间选择一个数字（1~5）。

　　使用这两种评分量表的目的是对一个问题引出一系列的回答，以便在不同的受访者之间进行比较。它们有助于让人们对特定的交互产品做出判断，例如，有多容易、有多有效、有多愉快等，因此这两种评分量表对于这项用户体验研究来说非常重要（Sharp，Rogers & Preece，2007）。

3.3 交互设计模式

数据分析的目的是发展一种对交互产品的理解或解读，以回答所提出的基本问题。B. Kaplan和J.A. Maxwell给出了使用定性方法评估计算机信息系统的五个目的（Kaplan & Maxwell，2005）：

（1）了解系统的用户是如何理解和评价该系统的，以及该系统对他们来说有何意义。

（2）了解社会和组织环境对系统使用的影响。

（3）调查因果过程。

（4）提供具有重大影响力的评估结果，旨在改进正在开发的产品，而不是评估现有的产品。

（5）提高评价结果的利用率。

综上所述，本研究采用的数据收集方法是建立在适当的用户测试基础上的，以评估我们开发的产品是否可用，是否适合预期的用户群体，以达到他们的目标。为了阐明我们的设计方法，我们对一个绘图系统进行了两次不同的原型研究。一个是纸质原型研究，另一个是高保真原型研究。

因此，我们使用不同的数据分析技术来评估来自两个原型研究的数据。通常，定性数据分析有四种基本技术：编码、分析备忘录、情景分析和叙述分析（Kaplan & Maxwell，2005）。这些方法帮助我们识别研究主题，开发类别，探索数据中的相似点和不同点，以及它们之间的关系。

3.3.1 交互的类型

通过观察、访谈和询问参与者问题，分析的内容主要是从第一项研究中收集的数据。生成的定性数据表明了特定领域的交互语言是否能够有效地支持用户实现其目标。我们使用的分析方法是编码和分析备忘录，并使用视频来捕捉用户在使用纸质原型进行可用性测试时所做的一切。代码是由用户在进行语言交互原型研究时创建的，重点是评估特定领域的交互语言的可用性，该语言是从ISO（ISO 9241可用性标准）任务有效性和效率的基本标准发展而来的。例如，当参与者被要求使用特定领域的交互语言完成少量特定任务时，我们对参与者的性能进行编码，这指的是在特定的使用情境中，它的可用性、有效性和效率。

另一种分析方法是分析备忘录。我们问了参与者许多不同的问题，这些问题与他们使用纸质原型时的反应有关。通过这些问题，我们能够通过特定领域的交互语言，更深入地了解参与者对于使用交互产品的看法。正如我们在第3.2.2节中提到的，在访谈中有两种类型的问题：封闭式问题和开放式问题。封闭式问题侧重于获得关于特定设计特性的反馈，例如交互产品提供的交互方式。开放式问题涉及探索用户的个人体验，例如产品如何支持他们完成特定的任务，以及需要什么其他支持。因此，我们提出了有助于为评估目标带来全面反馈的一般问题（开放式）和具体问题（封闭式）。

在高保真原型研究中，我们采用情境分析和叙事性分析的方法对观察到的数据和用户满意度问卷进行分析。通过高保真原型研究，我们对用户测试结果进行分类并分析，评估参与者是否喜欢通过使用DSIL构建个性化的交互模式框架来改善他们的交互体验。

在高保真原型的研究中，我们观察用户使用高保真原型来测试所开发的产品是否满足用户的需求。我们使用摄像头来捕捉用户在可用性测试期间所做的一切，包括打字、单击鼠标和其他交互中的行为。通过观察数据，我们可以看到这些内容并分析用户做了什么，以及他们在不同任务上花费的时间。它还提供了与用户体验有关的用户情感反应的观察情况，如满意和挫折。此外，还使用用户满意度问卷来阐明和加深对用户体验的理解。

我们设计了一个特定的调查问卷来评估用户对高保真原型某些特定功能的满意度。正如我们之前提到的，我们在不同的层次上设计出来的不同的调查问卷：本能的、行为的和情感的（Norman，2002）。然后，我们比较了用户在操作两个数字绘图系统时测试性能的结果，并根据用户的交互体验通过用户满意度问卷询问用户的意见。第一个绘图系统是一个著名的绘图系统——Photoshop CC 2017；第二个是高保真绘图系统原型。生成的定性数据演示了不同的参与者是如何理解交互产品的。

3.3.2 互动经验的类型

为了构建一个合适的可用性测试环境，我们需要解决许多实际问题，包括设计有代表性的任务、选择目标用户、准备测试条件、设置各种测试以及处理道德问题。

可用性测试的任务是比较用户使用纸质原型和高保真原型绘制图纸的体验。有三个绘图任务：

（1）使用不同的绘图工具（铅笔、钢笔、油笔和蜡笔）画一个简单的形状。

（2）画多条不同长度的线。

（3）用不同的颜色画出不同的形状（圆形、长方形或正方形）。

接下来，我们需要选择合适的用户来评估系统——这些人在某种程度上代表了产品的设计目标。例如，有些产品针对特定类型的用户，如老年人、儿童、初学者或有经验的人。在我们的例子中，产品是一个数字绘图系统，所以特定的用户受众是使用绘图系统的计算机用户。

此外，用户先前对特定产品类别的经验是不同的，因此选择具有不同背景的用户范围是很重要的。例如，一群第一次使用网络的人可能会和另一群有五年网络经验的人表达不同的观点。

为了从不同的角度收集更全面的观点，我们选择了两组不同的用户：初学者用户和具有不同背景的经验丰富的用户。这两组用户都参与了原型研究。

为了达到性别平衡，在语言交互原型研究中，我们招募了年龄在21~38岁，来自不同学科和生活领域的三男三女；在高保真原型研究中，我们招募了30名有代表性的用户，其中包括16名男性和14名女性，他们都具有不同的学习背景和国籍。

最后，在实验室条件下，需要准备测试条件，建立纸质原型和高保真原型的用户测试。对于这两项原型研究，它都要求控制测试环境，以防止不必要的干扰或可能影响结果的因素的存在。由于将要测试的产品主要用于办公环境，我们通过建立可用性测试实验室来创造一个模拟的工作环境来进行上述用户测试。在实验室中使用的设备对于两种用户测试中的每一种都是不同的。在第一个测试中，在用户对纸质原型进行实验后，我们通过半结构化的访谈向他们提问，以获取他们的观点。为了对高保真原型进行评估，我们在实验室中设置了一台摄像机，记录用户在操作所提供的交互语言高保真原型和Photoshop CC 2017时产生的所有数据。并且于用户测试卷结束后，他们被要求填写一份调查问卷。

另一个重要问题是道德问题的研究。当我们在评估过程中收集数据时，有必要考虑道德问题。所以，我们遵循了悉尼科技大学的道德程序。

3.4 本章小结

在本章中，我们介绍了用于评价交互语言设计方法的研究方法。

首先，进行方法论综述后建立一个评估框架，它包含以下几个决定因素：决定目标的原型研究，探索研究问题，选择适当的评价模式和技术，确定实际问题，决定如何处理道德问题，评估、解释和现在的数据。我们展示了不同的关键评估范例，包括可用性测试、分析演示和现场研究（第3.1节）。我们简要地描述了它们，并确定了它们之间的异同。我们介绍了为本研究选择的可用性测试方法（第3.2节）。

其次，本书也具体描述了数据收集（第3.2节）以及数据分析的方法和技术（第3.3节）。

再次，我们描述了我们如何设计两个不同的ILDP原型研究来进行可用性测试以及评估ILDP的两个不同目的：可用性研究和用户体验研究。

最后，描述了可用性测试的实际背景。这两个原型研究的结果将在第5章和第6章中提供。可用性测试中使用的问卷和结果见第6章。

第 4 章

交互设计的问题

介绍：

通过开发一种语言会话设计视角，我们认为可以通过支持一种不仅可传达产品功能和可用性，而且能够回应用户不断变化的思维和体验的会话级别，来增强我们对注意力和行动力的协调性。基于以上观点，我们试图在情境中建立一种共同的语言——交互语言去支持有效的人机对话。

正如Alexander指出的，事实上设计是由语言形成的（Alexander et al., 1977）。在人机交互设计实践中，许多语言形成了设计——人机交互设计。在交互设计中，一些重要的语言被用来生成人机之间关于用户个人观点的各种对话。从技术角度看，各种编程语言（如C、C++、Java）和模式语言（如交互模式语言和用户建模语言UML）则被用于生成多种交互方式。从较少的技术角度来看，自然语言（如英语、法语等）和界面设计模式语言（IDPL）被用于支持人机交互设计（Tidwell，1999）。

然而，到目前为止，人机交互中还没有出现共同的、广泛应用的交互语言（Pan and Stolterman，2013）。所以，还没有一种用户导向型的交互语言能够根据用户的需求和期望来帮助用户形成个性化表达的交互。构建公共语言的一个主要挑战是如何使HCI语言能够支持不同用户与计算机之间的相互交流。正如Erickson所建议的，我们需要一种公共语言来将不同交互模式的问题以及解决方案绑定在一起，以帮助用户将解决方案作为一个连贯的整体进行评价（Erickson，2000a）。这种语言应该从用户的角度表现交互序列，并且可以用来表达用户的信念和期望。总之，公共语言必须被设计人员和终端用户识别和使用。

本书还提出了一种使用语言结构来实现个性化交互的人机交互语言技术。个性化互动的显著特征表现在三个方面：

（1）人机交互能够动态地反映和回应用户的思维、问题和体验。

（2）交互允许用户通过映射、补充和集成现有的交互元素来定义交互的特殊含义。

（3）交互可以通过自定义计算机的可用程度和更多的功能来改善用户的交互体验。

4.1 编程语言

　　特定领域的交互语言的第一种语法是以对象为中心的交互语法。以对象为中心的交互语法旨在构造一个有用的交互产品。这种类型的交互语法侧重于以对象为中心的设计概念，如系统交互设计方法（Saffer，2007）。以对象为中心的交互语法主要用于控制交互产品的物理性能。它主要与产品的可用性和功能有关。在许多情况下，设计者根据交互艺术品的特定功能、特征和属性构建人机交互框架。在实践层面上，用户可以访问交互产品的功能、特性和属性。例如，用户使用绘图系统来绘图。

4.1.1 编程语言的表达

　　以对象为中心的交互语法是通过编程语言实现的。通过使用编程语言，设计人员可以全面地规划交互产品的行为。编程语言通常就是面向对象的语言（Beaudouin-Lafon，2004）。为了让用户控制交互产品或使用与自然世界中类似的功能，设计者使用编程语言来实现人机交互。本质上，编程语言试图使用一些基本的抽象语义，如分类、对象、实例、继承、方法、消息、封装和多态性，将真实世界的模型转换成计算机代码（Rumbaugh et al.，1999）。设计从可用的硬件或任务开始，最终生成一个交互系统，允许用户直接操作计算的对象。因此，以对象为中心的交互语法在编程语言中表现出来，从而支持用户直接操作交互产品的系统。

　　从上述内容中我们可以看到，以对象为中心的交互语法根据设计人员的设计概念和目的，定义了用户如何在特定的交互情境中使用工具。设计者的目的是让用户以一种预定义的方式和使用情境来操作交互产品。接下来，我们将举例说明设计人员是如何使用以对象为中心的交互语法（编程语言）来构造交互产品的。

　　Objective-C是一种通用的面向对象的编程语言[1]。编程语言Objective-C最初是在20世纪80年代早期开发的。它是苹果用于OS X和iOS操作系统的主要编程语言，也是它们各自的应用程序编程接口api、Cocoa和Cocoa Touch[2]。

操作界面：

　　图4-1显示了如何使用编程工具Xcode创建iphone的界面和交互。Xcode是一个

---

[1] http://en.wikipedia.org/wiki/C_%28programming_language%29.

[2] http://en.wikipedia.org/wiki/Objective-C.

集成开发环境（IDE），包含一套由苹果公司创造的，用于开发OS X和iOS软件的软件
开发工具[①]。还显示了iPhone界面及其基本组件元素的系统构造大纲的基本功能，包括
交互的一组特定组件，如"小部件"（应用程序窗口、按钮、对话框、滚动条），拖放
和复制粘贴，以便在应用程序内部和跨应用程序之间传输数据，设计人员/开发人员的
目标是尝试传达他们的交互设计概念，以匹配特定应用程序中的用户需求。

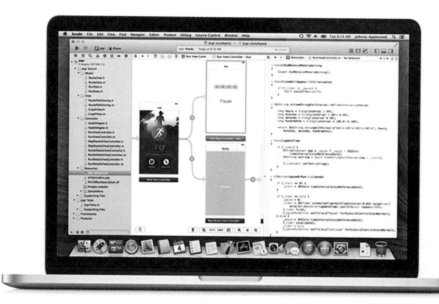

图4-1　iPhone仪器接口

4.1.2　编程语言的类型

编程语言可以被用来产生一类交互形式——工具交互——由工具的可用性所决定。
工具交互以直接操作为中心，支持工具作为用户和目标对象之间的中介。在这一过程
中，工具交互使得用户可以直接操作iPhone通过操作界面呈现的各种数字对象。

在实际的交互设计中，很多研究和实践都集中在任务分析和可用性测试上，以阐
明、展示交互产品的合理结构。通常，设计工作从考虑用户的目标和意图开始，制定
主要任务和子任务（例如：找到合适的工具，改变工具的属性）。图4-2展示了一组控
制iPhone的工具交互。当用户希望实现诸如打开文件或获得适当工具之类的目标时，
就会执行这些操作。

这种类型的交互可以支持大多数典型、直接的人机交互产品。然而，从认知心理
学的角度来看，为了让用户有效地操作一个交互产品，用户需要在不同的层面处理操

① "Xcode on the Mac App Store". Apple Inc. Retrieved October 3, 2012.

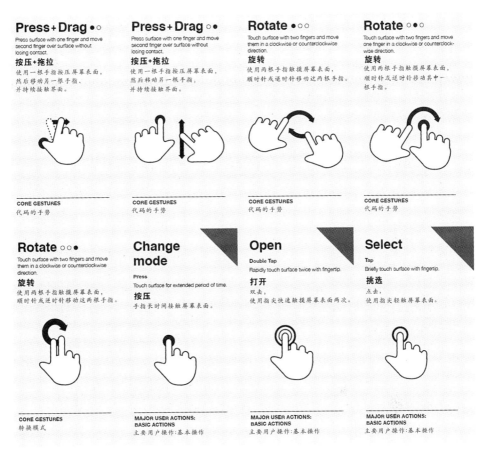

图4-2 针对iphone设计的一组交互手势
（来源：http://www.lukew.com/ff/entry.asp？1071）

作交互产品的不同问题，包括本能层面、行为层面和反思层面，而不是简单地强迫用户使用它。随后的问题我们已在第2章中讨论。

4.2 模式语言

体验导向型的交互语法通常使用模式语言实现。模式语言是基于用户如何与计算机交互的思想提出特定的交互设计。创建交互设计模式语言的一个基本假设是，该模式提供了一种存储人机交互基本设计知识的方法（Dearden & Finlay，2006）。人们普遍认为认知模式为特定的设计决策提供了基本的理论基础。Norman将模式语言描述为具有组织和影响人们的认知和行为的潜力（Norman，1988）。

此外，模式之间是相互关联的。这意味着模式可以形成一个连接模式的网络，以支持负责定义系统总体架构的设计人员。关系是模式语言的核心，因为它们在单个模式的基础上创建了实际的附加价值。

简单地说，模式语言首先通过形成不同的具体交互方式和特定的界面，帮助设计师设计不同的交互体验过程，包括物质的、认知的和反思的。因此，我们认为设计人员使用模式语言作为面向体验的交互语法，通过组合交互的各种组件来创建预期的面向体验的交互语义。

在交互设计领域，有几种模式的替代组织形式。Fischer研究了构建模式语言的一些可能性（Fischer，2001）。Mahemoff对任务、用户、用户界面元素和整个系统的交互模式进行了分类（Mahemoff & Johnston，1998）。

交互设计模式语言是分层的。当模式在用户交互系统的所有级别可用时，它们可以帮助设计人员创建全面的交互框架。表4-1提供了一个由Tidwell开发的界面设计模式语言的例子。界面设计模式语言多年来一直被用于设计不同的用户界面，并被证明是一种非常有用的用户体验设计方法。

基于Tidwell，Jenifer的界面设计模式语言   表4-1

模式名称	丰富的菜单栏
功能菜单栏	在下拉菜单栏或弹出菜单栏中显示一长串导航选项。使用这些来显示站点部分中的所有子页面。小心地组织它们，使用精心挑选的类别或自然的排序顺序，对它们进行水平居中的格式设置
使用时间	该网站或应用程序在许多类别中有许多页面，可能在一个层次结构中有三个或更多级别。您希望将大部分页面公开给随意浏览站点的用户，以便他们能够看到可用的内容。您的用户可以轻松地使用下拉菜单（单击查看）或弹出菜单（用指针滚动它们）
使用原因	丰富的菜单栏使复杂的站点更容易被发现。它们向访问者公开的导航选项比通过其他方式可能发现的多得多。 通过在每个页面上显示如此多的链接，用户可以直接从任何子页面跳转到任何其他子页面（无论如何都可以跳转到大多数子页面）。因此，您可以将多级站点（其中的子页面不链接到其他站点节中的子页面）转换为完全链接的站点
如何使用	每个菜单上都会显示一个组织良好的链接列表。如果它们属于子类别，则将它们排列成标题部分；如果不是，则使用适合内容性质的排序顺序，例如字母顺序或基于时间的列表。 使用标题、分隔符、丰富的空格、适当的图形元素，以及其他任何你需要的东西来直观地组织这些链接。并且利用水平空间——如果您愿意，可以将菜单扩展到整个页面。许多站点都很好地利用多个列来表示类别。如果您将菜单设置得太高，它可能会直接离开浏览器页面的末尾（用户控制浏览器的高度；保守估计）。 最好的网站有丰富的菜单，与网站的其他部分风格一致。要将它们设计得与页面的配色方案、网格等匹配

续表

模式名称	丰富的菜单栏
示例	星巴克网站上丰富的菜单设计得很好。每个菜单的高度不同，但宽度相同，并且遵循严格的公共页面网格（它们都以相同的方式布局）。这种风格与网站融为一体，而且有大量的留白使其易于阅读。设计中加入了广告，但并不令人讨厌。而且非矩形的形状增加了抛光的外观。 （来源：http://designinginterfaces.com/patterns/fat-menus/）

4.2.1 模式语言的表达

通常，在交互设计实践中，交互设计人员通过遵循层次结构来创建接口。他们首先了解用户及其任务、用户的目的、技术环境、业务情境等（Rogers et al., 2011）。Erickson将模式的使用视为"通用语言"来支持和加强关于设计的交流。他尤其提倡使用模式语言来帮助用户参与设计过程（Erickson, 2000a）。

在这里，界面被认为是一个特定的位置空间，在其中根据特定的交互情境构建一个交流空间。交互设计师构建了一个实际的交互系统——Photoshop，是基于为用户提供一个有用的绘画系统的设计理念而创建出来的。最初，设计师的目标是通过整合各种绘画工具和调色板来创造一个绘画环境，使绘画过程变得更加有效。

因此，所处的界面会引导用户理解交互系统的操作。从图中可以看到一个用Photoshop建立的绘图系统的定位界面。它被设计成一个画板，包括工具栏、侧边栏、菜单栏绘制窗口和顶部菜单栏。设计这样一个界面的目的是让用户对绘图系统感到熟悉和舒服。这是基于对人们在现实世界中如何画画的分析，例如，使用调色板来着色。因此，当用户使用所提供的界面时，我们假定他们能够轻松地识别它并简单有效地使用它，以反映他们在现实世界中的体验，如图4-3所示。

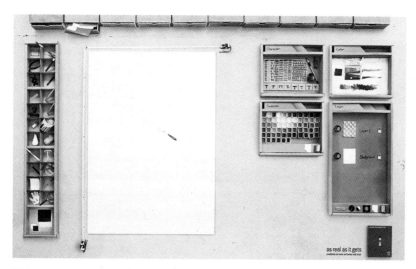

图4-3　Photoshop设计原型
（来源：http://tanhands.blogspot.com.au/2010/02/real-life-photoshop.html）

4.2.2　模式语言的本体

识别词汇：

　　构建特定领域交互语言的首要任务是识别特定领域中交互语言的词汇。设计人员必须利用多个交互词汇表，然后选择合适的交互语法来组织交互词汇表，从而实现预期的交互语义。换句话说，它是设计师通过不同的形式将抽象的交互概念传递给用户的过程，例如构建一个交互产品，使用文本来传达预期的意义。

　　在设计人机交互产品方面，设计师需要在特定的情境中探索与交互产品（以对象为中心的交互语义）的性能以及用户的交互体验（以体验为中心的交互语义）有关的预期交互设计概念。表格给出了为典型的交互产品构建特定领域的交互语言的关键组件，如表格4-2所示。

交互领域特定语言的结构

表4-2

特定领域交互语言的关键元素		
交互词汇	**交互语法**	**交互语义**
・情境 ・视觉呈现 ・物质对象/空间 ・时间 ・人类行为	以对象为中心的交互语法编程语言	基于设计师的交互理念： ・以对象为中心的交互语义： 　产品的预定义功能和可用性 ・以体验为中心的交互概念： 　使用特定的交互产品的用户体验模型
	以体验为中心的交互语法——模式语言	
	特定于用户的交互语法——面向用户的特定领域的交互语言	基于用户的交互概念

其次，使用不同类型的交互语法实现不同的交互概念（面向对象的交互概念、面向体验的交互概念和用户指定的交互概念）。为此，我们将使用编程语言和模式语言。例如，设计一个特定的人机交互模式，就是在终端用户使用交互产品时，向终端用户执行一个特定的交互概念。

因此，交互产品来自于在分类空间的对象或点的网络中映射出的不同的交互词汇表，如图4-4所示。例如，以对象为中心的交互概念旨在可用性目标下创造一个有用的交互产品，而以体验为中心的交互概念则侧重于帮助用户获得所需的体验。最后，假设用户能够在交互过程中，通过研究多个用户界面和特殊的交互模型，探索设计者所提供的交互的预期意义和概念。

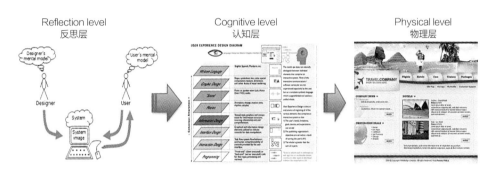

图4-4　将交互概念转换为交互产品的过程

使用ILDP的另一个重要结果是以情境的方式计算出交互概念。在构建人机交互框架时，明确不同用户与计算机之间的交互概念是非常重要的。为此，情境交互概念为用户提供了一种通过情境实现交互含义的方法，并恰当地传达特定的交互概念。

在此基础上，我们首先建立了面向用户的交互系统。因此，它改变了交互语义主要基于设计者的概念而不是终端用户的使用情况。我们知道，构建人机交互模式的问题是基于设计者的理解。正如Krippendorff所指出的，设计师的理解是一种二阶理解，与用户自己的理解是不同的（Krippendorff, 2005）。在这里，我们的目标是构建文本交互概念，将设计者的交互概念正确地传递给终端用户。此外，文本交互概念可以有效地影响用户的交互语义图像，并允许用户使用特定的交互领域术语通过文本交互模型进行直接表达。用户不仅可以使用预定义的交互模式包括通过特定情境交互表达出来，还可以根据对所提供的交互产品和交互情境的认识和体验，使用基于文本的交互来指定情境，从而表达自己的交互概念。

因此，计算机系统是建立在通信体系结构下的，这种通信体系结构能够以不同的方式向用户提供合理和恰当的反应，包括文本交互模式。更重要的是交互产品是用来实现用户的交互概念的。参与者（用户和设计者）尤其可以通过选择合适的界面和交互模型来执行他们的交互概念。交互概念是由定义良好的基于领域知识的特定领域术语组织起来的，这使得用户能够非常容易地阐明和修改交互产品和情境的交互语义。

交互设计师将上述交互词汇组合起来，通过文本和设计的人工产品来生成各种特定的含义。在下一节中，我们将探讨组合多个交互词汇表的结构。这些词汇表通过交互语言的交互语法创建意义。然后，我们将讨论如何通过不同的交互语法为人机交互创造特殊的意义。

4.3 语言的问题

本章展示了语言的交互设计模式（ILDP）[①]，并提出了解决在设计个性化交互过程中出现的问题的方案。为了在不同的用户和计算机之间建立个性化的交互关系，我们确定了以下人类交流的关键特征和交互语言的作用：

（1）交互是一个合作的过程，是以参与者通过接触、感知、理解和态度反应所反映出来的理性行为为基础的（Allwood，2007）。

（2）人类交流是一个复杂的语义系统，是建立在语言和非语言行为的明确结合之上的（Press，1996）。

（3）语言在交流中扮演着不同的角色，具有不同的功能，它根据会话参与者的需要来支持不同的交流活动。

从以上的角度来看，交互设计师的主要任务不仅应该集中在设置可测量的可用性规范和评估各种用户的交互设计上，更重要的是要为终端用户提供丰富的体验模式（Wright et al.，2008）。

人机交互的开发并没有随着初始设置界面和交互模型的产生而结束，它是根据用户的需求不断改变的，并在用户反馈的基础上得到进一步的发展（Dearden，2006）。

我们认为构建个性化的交互体验需要一种个性化的交互模式。为了实现这一点，用户不仅需要一个使用效率较高的交互产品，而且还要一个能够根据自己需求进行自定义的交互产品。因此，我们将探索有效的人机交互语言类的交互方式，以建立用户和计算机之间的共同点（Clark，1996，Monk，2009）。

---

① 交互语言设计模式是一种用于生成个性化领域特定交互系统的设计模式。它指定了如何设计领域特定的交互语言和语言交互定制内容。

根据语言/行动理论的观点：

人类本质上是语言的存在：行动发生在语言构成的世界中（Flores et al.，1988）。

一些研究人员甚至认为，交互设计师有必要成为行为语言学家、作家和诗人，他们要努力创造符合情境的对话（Winograd，1997，McCarthy & Wright，2004）。交互语言学研究是探索语言是如何被互动塑造的，以及交互实践是如何通过特定的语言塑造的（Couper-Kuhlen & Selting，2001）。从这个角度看，它把语言看作是社会符号学事件中的一种持续的或突现的产物，而语言则是在这个事件中为实现目标或任务提供的一系列资源。假定语言所提供的资源被有条不紊地使用；有了他们，说话者就可以从事实践活动、日常互动以及以容易辨认的方式进行的交互活动（Schegloff，1997）。"交互本身被期望由语言塑造，而且在一个普遍的层面上，它要根据语言类型体现在有细微不同的互动实践"（Couper-Kuhlen & Selting，2001）（E Couper-Kuhlen，M Selting 2001）。此外，"语言产品——因为它们是在交互中形成的——不能再被概念化为单个说话者的产品……因此，语言结构在互动方面和高度敏感的语境中都是新兴事物，因为它们的使用过程中相互影响，甚至可能有助于创造会话结构。"（Couper-Kuhlen & Selting，2001）（E Couper-Kuhlen，M Selting 2001）

我们相信一种面向用户的交互语言可以在不同的用户和计算机之间建立共同点。这种面向用户的交互语言将支持人与计算机之间的交互模式，使参与者能够轻松地执行他们的活动。面向用户的交互语言的创建是为了通过界面构造具体的交互产物，并提供交互模型来传达用户的意图。

在本章中，我们提出一种交互语言设计模式（ILDP）来构建一种面向用户的交互语言以实现个性化交互。它的目的是通过一种有效、合理的方式支持和扩展用户的活动来优化用户与计算机的交互。交互语言设计模式（ILDP）的目的有两个：

首先，ILDP为交互设计师提供了一个设计语言系统，以支持设计师创建对目标用户有意义的交互产物。语言设计系统帮助设计师将他们的设计理念转化为一种特别的形式，从而形成一种特殊的交互产物，这个产物是由不同的界面和合理的交互模式组成的。

其次，ILDP为用户提供了一种根据用户自己的想法使用自然语言来调整交互的方法。也就是说，交互是个性化的，是通过语言交互来表达用户的"交互语义"的[①]。最终，用户的交互语义（心理模型）被用于构建具有个性化界面和交互的特定交互产物。

---

① 交互语义：用户从交互系统的外观、行为和可用性中识别的含义。用户的交互语义不同于设计者的交互语义，设计者的交互语义是基于二阶理解构建特定的交互产物。

4.4　本章小结

因此，针对特定领域的人机交互模式，我们构建了面向用户的交互语言。一般来说，面向用户的交互语言是由特定领域的词汇表、语法和交互语义构成的。交互词汇是由特定领域知识生成的交互方式的基本组成部分。交互语法是一种结构，设计者或用户使用它来构造一个交互的框架从而安排交互模式和交互模型。通常，设计师定义一个特殊的交互结构，通过构建一个交互的人工产品来实现特定的交互概念。设计师的交互设计理念是如何根据潜在用户的需求来构建一个交互系统的。也就是说，设计师的理解是"二阶的"（Krippendorff, 2005）。

在本章中，我们旨在提供一个ILDP的理论框架来创建个性化的人机交互模式。ILDP提出的目的是根据终端用户的个人需求通过改良交互设计从而改善人机交互的质量。因此，交互的所有参与者，特别是终端用户，都能够从不同的角度构建交互模式。这种交互设计方法强调了设计者无法设计和定义终端用户的事实（Cho & Yoon, 2013）。我们相信用户是唯一能够优化交互产品的人。因此，ILDP为用户提供了一种特定领域的交互语言，以支持使用交互产品进行个性化交互的过程。个性化人机交互能够将用户的个性化特征与交互产物的性能结合起来。

第 5 章

交互设计语言

第4章介绍了交互语言设计概念。在第一部分中，根据人类交流的原则和语言的基本作用，我们提出了一个设计框架来构建一种能够实现个性化人机交互的交互语言。这种交互语言的使用有两个特点：首先，这种交互是建立在非语言行为和语言行为相融合的基础上的。其次，交互语言为用户提供了一种合适的方式去进行自定义的人机交互。

本章包括两个部分：第一部分描述了交互语言的定义和结构。第二部分是开发一种面向用户的交互语言。分三个步骤：交互语言生成、交互语言感知与交互语言应用。

5.1　背景和动机

在第2章中，我们注意到有效的人际沟通是建立在参与者的个人观点和活动之上的。换句话说，人类的交流是一种个性化的活动。此外，我们认为，语言在构建共享理解方面发挥着关键作用。我们认识到：在交际参与者的生活背景的影响下，人类使用语言来协助他们的感知和行动（Clark，1996）。通过以上做法，我们能够构建对交互艺术品的深刻理解（Eggins，2004）。因此，作为人类，语言是我们体验现实的方式。

人机交互是一种以计算机为媒介的交流活动，属于社会交际（Zhuge，2010）。它与传统的人类使用声音和字母进行交流的方式不同，因为数字媒体没有物质形态，可以很容易地转换成任意数量的不同表现格式（Martinec & Van Leeuwen，2009）。数字媒体的多样性是人类计算机通信的重要资源。Martinec和Van Leeuwen认为，从本质上讲，多媒体数字就像语言一样，应该是沟通的资源。通过它们，用户可以与意义相关联（Martinec & Van Leeuwen，2009）。从这个角度出发，我们认为人机交互的所有组成部分，如文本、图像、声音、时间、空间以及人类活动，都可以按照语言结构组织在一个会话系统下。

因此，我们可以构建更合适的交互模式来适应各种用户的需求。也就是说，一个定义良好的语言结构可以帮助设计者根据交互设计的概念在语义上勾画出人机交互的设计过程。设计过程可以理解为在特定的交互产品及其用户之间传递预定义信息的过程。根据人类交流模型，转换过程包括两个阶段：第一阶段，设计师创建原始的信息设计概念，生成具有特定界面布局和交互模式的实际交互产物。在第二阶段，用户需要通过界面和导航系统来接收信息。交互的质量取决于用户的视角和交互产品的性能。Cooper指出，设计师的概念模型与用户的心理模型越相配，用户就越容易操纵产品，理解交互的意义，从而有效地与计算机协作（Cooper et al.，2012）。同时，我们认识到，完全符合用户心理模型和计算机行为的用户导向型人机交互模型并不存在。主要是我们缺乏一个真正支持用户特定交互的交互设计系统。Langdon等人写道："一直没有有效的方法来构建能够适应终端用户个人心理模型的交互产品"（Langdon et al.，2012）。换句话说，对于不同的终端用户，交互的含义是不同的。

许多研究者和实践者都认为，在当前的人机交互中，交互的设计者或生产者比终端用户更有能力控制交互产品（Cho & Yoon，2013）。由于交互的模式和意义是由交互设计者来塑造的，所以使用了不同的设计方法，如系统中心设计方法和以人为中心的设计方法（第3.1节）。此外，我们确定了使用现有设计方法构建人机交互的问题。为此，我们认为，要解决现有的问题，我们需要为用户提供一个强大的交互工具。它们需要一种语言并通过这种语言与交互产品进行交流，就像程序员使用的编程语言和界面设计人员使用的界面设计模式语言一样。现有的人机交互语言，包括各种编程语言、交互设计模式语言和界面设计模式语言，都不是面向用户的。同时我们也发现另一个重要的人机交互语言——自然语言，是很难被计算机正确理解的。一个很好的例子就是在iPhone中使用语音识别来控制系统。

基于以上观点，我们认为有必要在创造具体交互产物的基础上构建面向用户的交互语言。根据人类自然交流的研究，人类很少在内容或意义上与其物质表面特征之间使用固定的关联形式。相反，人们使用语言将内容或意义编码成与他们交流的情境和目的相符合的形式（Polovina & Pearson，2006）。因此，人与计算机之间的交互过程也需要以不同的表现形式进行，这些表现形式都试图确保这些内容或意义在参与者之间可以以正确又有效的方式进行交流。

语言是实现有效的人机交互的重要手段。这是因为它允许用户通过个性化交互与计算机形成个性化交互的共同基础。通过使用特定领域的交互语言，用户可以生成自定义的交互模式，并与计算机建立交互关系。因此，人机交互不仅支持终端用户以预先确定的方式完成任务，还可以让用户根据自己的需要自定义交互模式。因此，特定领域交互语言可以从三个方面提高人机交互的质量：

（1）让用户成为构建交互系统的积极参与者。

（2）在用户和计算机之间建立共同点。

（3）允许用户通过个性化交互来解决交流问题。

首先，特定领域的交互语言支持用户积极参与构建交互产品。这意味着语言支持人机交互成为一个协作的过程。因此，交互语言集中于处理两个在现有设计方法中被忽略的沟通因素：用户的个人交互反应性和用户的角色。用户的个人体验在交互活动中起着重要的作用，影响着交互的质量（Allwood，1976）。另一个因素是用户的角色，它强调一个事实，即用户需要成为其交互模式的所有者，以便完全控制交互过程（Cho & Yoon，2013）。这种观点被采纳并应用在许多不同的设计领域，比如参与式设计（Schuler & Namioka，1993，Bødker et al.，2000）、体验设计（McCarthy & Wright，2004，Wright et al.，2008）、终端用户开发（Fischer & Giaccardi，2006）、以用户为中心的设计（Norman & Draper，1986）和包容性设计（Langdon et al.，2012），但它们都没有提供一个全面的设计系统来产生个性化的、关注用户的个人视角和体验交互模式。

其次，特定领域的交互语言的提出是为了建立交互参与者之间的共同点。Clark指出，语言是通过支持用户使用交互来表达他们的想法和体验从而产生共同点的（Clark，1996）。同样，Flores和Winograd声称"人类本质上是语言的存在：行为发生在通过语言构成的世界的语言中。"（Flores et al.，1988，Winograd，1986）。具体来说，交互语言可以使用两种方法来构建共同点：语义方法和直接方法。语义方法依赖于语言行为，直接方法由特定的交互产物来实现。相应地，语言行为和非语言行为都有一个共同点。

再次，特定领域的交互语言允许用户个性化其交互模式。一个重要的好处是，它可以帮助终端用户在单独的情境中解决以计算机为中介的各种交流问题。特定领域的交互语言为终端用户提供了一种可以自定义交互模式的交互语言。在本研究中，我们建立了一个基于情境的语言交互模型来执行交互语言。通过这种基于情境的交互，用户可以根据他们的个人和社会价值组织活动。用户的交互可以通过计算机建立相应的交互界面和交互模型来实现用户的交互需求。

相关研究表明，当参与者在对话中调整他们的情境模型时，他们能够相互理解（Branigan et al.，2010）。情境交互自定义语言使用户和计算机在不同的层面上保持一致：本能层面、行为层面和情感层面（Norman，1988）。为了支持个性化交互模式，交互语言需要在不同的层面上工作，包括表示层（接口）、行为层（计算机系统）和交流层（交互）。因此，我们面向用户的交互语言是通过集成多种语言而形成的，包括计算机编程语言、设计模式语言和人们的自然语言。

总之，特定领域的交互语言为参与者（人和计算机）提供了一种通过交互相互理解的方法，就像两个人之间各种事情都可能发生的那样。用户可以根据自己的语言组织能力构建属于自己的交互模式。因此，用户将根据他们的需求继续参与到开发交互系统的过程中。所以，为特定用户创造合适的工具是有可能实现的，因为他们现在可以设计和开发自己的工具（Pane & Myers，2006）。

在下一节中，我们将说明特定领域交互语言的定义和结构，并解释如何创建一个集中于生成个性化人机交互的特定领域交互语言。

5.2　交互语言设计模式

在本章中，我们关注的是交互的意义，这种意义由参与者的感知决定，并由参与者的交互改变。换句话说，当交互的参与者发生变化时，分类空间中的对象或点的网络也会随着交互的意义发生变化。例如，在HCI中，设计人员使用编程语言和模式语言来组合与可用性目标和体验目标相关的不同交互概念。

我们提出了人机交互语言设计模式用以实现人机交互的个性化。

交互语言设计模式包含两个子设计任务（图5-1）：

（1）创建交互设计概念来组织特定领域中的各种交互语义。

（2）建立特定领域的交互语言来实现交互概念。

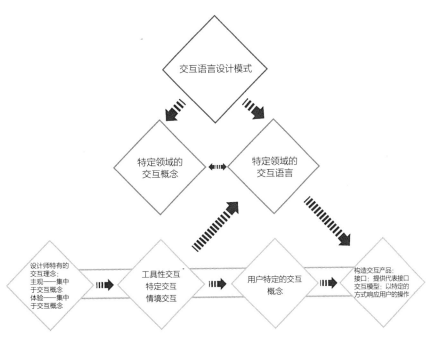

图5-1　基于交互语言设计模式构建个性化交互模式的设计体系结构

5.2.1 定义特定领域的交互概念

在创建具体的交互产品之前，我们通常有一个原始的定义语句——一个关于主要交互产品、交互情境和预期用户体验的简洁、具体的声明。这是建立一个可理解的人机交互模式的第一步。在此基础上，特定领域交互设计概念的目的是构建人机交互的意义。如上文提到的，交互的原始含义是建立在设计者的交互概念之上的，依赖于设计者的交互语义，与交互的不同部分相结合。这些包括产品的属性、交互情境和用户特性。

第一个任务是通过构建具有特定接口和交互模型的交互产品来构建交互设计概念。这里有两个相关的交互概念。一个是设计者的交互概念，另一个是用户的交互概念。针对设计者特定的交互设计概念，我们研究了两种主要的交互语义类型，如表5-1展示了上述两种形式的交互概念以及相应的交互概念示例。

设定特定交互概念的两种方法 表5-1

交互的概念	交互概念示例

设计师设定的交互概念	• 以对象为中心的交互式语义；
	  产品功能和可用性的概念模型。
	• 以体验为中心的交互式语义；
	  一种使用特定交互产品的体验模型

用户个性化的交互概念	• 一种用户特定的视角和对特定交互制品所提供的交互的理解。这取决于其个人知识和对特定交互产品的反应

设计者的交互设计概念主要由两种类型的交互语义构成：以对象为中心的交互语义和以体验为中心的交互语义。一般来说，以对象为中心的交互语义关注的是可用性目标，而以体验为中心的交互语义关注的是实现用户所需的体验过程。

用户的交互概念显然取决于参与者的个人交互体验感受。用户的交互概念受设计者提供的上述两种交互语义的影响。用户的以对象为中心的交互语义是由用户如何通过使用它来感知特定的交互产品而形成的。以用户体验为中心的交互语义是建立在用户个体识别和情感反思的基础上的。这在第5.3节中有更详细的讨论。

因此，用户以对象为中心的交互语义和以体验为中心的交互语义都是由用户不同的交互语义图像决定的。重要的语义图像包括：分类语义图像——反映特定空间分类的演化；对象语义图像——从功能、特征和其他相关方面反映对象的属性和类别。因此，在很多情况下，关于针对使用对象的交互产品的可用性交互概念可以通过工具交互在物质层面上实现。

另一方面，根据系统功能语言学（SFL），使用语言的交际总是模式化的，同时传达三种广义的意义：概念、情境和人际关系（Eggins，2004）。基于系统功能语言学（SFL），我们认为交互语言应该能够在思想上、情境上和人际关系上同时产生一个交互概念。也就是说，交互语义分为三个部分：概念语义、情境语义和人际语义。表5-2显示了使用交互语言提供的三种类型的交互概念和意义。

表达交互概念的方式　　　　　　　　　　　　　　　　表5-2

抽象语义	情境语义	交互语义
设计师和终端用户的抽象概念。例如，关于网站或交互系统的抽象概念	使用自然语言描述交互产品。例如，在特定的情境下描述对象是如何被用户使用的	一个具体的交互产品，它是建立在交互概念之上的

　　因此，在人机交互设计方面，设计师创造的交互产品，通过绘制出各种交互词汇表，呈现出特定的交互概念。交互的意义是通过用户在分类空间中形成对象或点的网络而产生的。这一意义将随着用户不断的交互而发展。

　　不同的交互语义反映了用户在不同层面上的交互视角和需求，包括物质与认知层面。交互语义，例如用户可能选择定义交互的特定术语，取决于其个人知识和对特定交互产品的反应。因此，用户的交互概念处理不同的交互语义，并设计用户将如何使用交互产品。用户特定的交互语法实现指定用户如何定义特定的交互情境和工具属性。

5.2.2　构建特定领域的交互语言

　　通常，交互概念由两个主要因素派生而来：一个是在交互设计阶段就已经完成的用于构建交互的设计意图和领域知识；另一种方法是基于终端用户在与计算机交互过程中的个人领域知识和需求。

　　一方面，特定领域的交互语言需要产生具体的交互产品来传达设计者的交互概念。另一方面，用户应该能够在交互过程中使用特定领域的交互语言来自定义交互模式以解决交流问题。

　　构建特定领域的交互语言使每个参与者都能够进行推断和预测，理解和解释交互现象，并决定执行什么操作并控制其表现（Johnson-Laird，1983）。因此，我们提出了一种特定领域的交互语言来解决特定交互领域中的通信问题。此外，交互语言将不断地将用户的抽象交互概念转化为具体的交互产物，这需要不同类型的交互语法来完成不同的交互概念（面向对象的交互概念、面向体验过程的交互概念和用户特定的交互概念）。

　　交互领域语言的主要组成部分包括：交互词汇、交互语法和交互语义。其中交互词汇包括构成人机交互的基本要素，包括文本、图片、声音、电影、动画、人机交互行为等。交互语法是设计者将人机交互的各种基本组成部分结合起来，表达出自设计者理解和意图的特定交互概念的一种形式。

一个特定领域的交互语言是通过三个步骤创建的：

（1）识别词汇。

（2）创造交互产品。

（3）实现用户的交互意义。

通过上述讨论，我们认为一个用户自定义的特定领域交互语言可以帮助建立个性化的人机交互模式。创造一种特定领域的交互语言的目的是使交互的参与者能够在表征层、功能层和情感层上积极地参与交互产品的持续发展。通过这种做法，终端用户能够根据他们的视角和经验自定义交互产品，以便更好地适应他们的需求。换句话说，当允许用户开发各自特定领域的交互语言时，他们就能够执行个性化交互模式。

为了实现这一目标，特定领域的交互语言需要满足以下要求：

（1）在用户和计算机（系统）之间建立共同点。

（2）支持用户通过个性化交互来解决交流问题。

对于第一个要求，用户和计算机之间需要一种通用语言。与自然语言（如英语或汉语）一样，特定领域的交互语言必须为人机交互提供一个共同的基础。这意味着，通过使用语言，用户和计算机可以通过交互系统恰当地交换特定的概念和意义。特定领域的交互语言在特定领域中产生独特的含义。特定领域的语言也可以在许多不同的领域找到，如视觉艺术、音乐和绘画。通过使用这些领域的语言，实践者可以交流和理解特定领域的概念或含义。同样，使用特定领域语言的设计人员可以创建一个帮助终端用户正确理解预期含义的交互产品。

或者，为了支持用户解决交互问题，交互语言必须支持用户构建可理解的、合理的和有意义的交互模式。Clark声称，用户应该使用语言来建立共同理解和共同点（Clark，1996）。从语用学的角度来看，语言语用学中的一个关键概念是话语（Austin，1975，Fish，1980）。Dearden认为：一种表达是一个特定的例子，是一个特定的发言者对特定的观众讲话（可能是立即出现或以其他方式）。表达总是处于特定的语境中。表达总是包含着对听众反应的期待。这样的讨论使人们注意到，我们使用语言的形式和意义是如何依赖于表达所处的语境的（Dearden，2006）。

另一个关键概念是由俄罗斯文学理论家Mikhail Bakhtin及其同事提出的语言类型。所使用的类型涉及说话者和观众的经历和历史对话语形式的影响（Morris，1994）。Morson和Emerson指出，不同的语言类型有助于表达我们经历的不同方面，它们与看待世界的特定方式有关，突出某些方面而忽略其他方面（Morson & Emerson，1990）。

我们相信，在人机交互方面，可以使用特定领域的交互语言，围绕自定义的交互产品性能（表达）和面向用户的交互模型（类型）两个要素，在用户与交互产品之间进行有效的沟通。

在人机交互方面，表达[①]是指建立在语言结构之上的互动产物的表现。类型[②]是指用户利用交互产物的方式，而交互产物又是建立在交互语言之上的。一般来说，交互语言的表达是指不同的界面范围，交互语言的类型是指不同的交互模型。

总结：

（1）交互产品界面的表达建立在交互语言的基础上。

（2）用户和计算机之间接口的每个元素都可以被终端用户根据各自的使用情境和背景理解与修改。

这种交互模型使用户能够自定义他们执行必要活动的方式，以完成他们的任务和实现应用程序目的。支持用户在对话的不同阶段开发不同的交互语言，将使流畅的交流成为可能（Branigan et al.，2010）。

这里要探讨的基本思想是，作为交互设计的一部分，我们需要一种交互语言来构建个性化的交互模式。具体来说，特定领域的交互语言可以分为两个阶段来构建个性化交互：

（1）在第一阶段，特定领域的交互语言帮助设计者生成可理解的交互产物的表达。例如，根据语言交互去创建一个界面以适应用户在特定应用领域内个人能力和知识的不同。换句话说，每个界面元素都由恰当的情境和特定的多媒体代表来标记，以向终端用户传达特定的含义。

根据系统语言学（Halliday，1994）的观点，语言被模式化是为了同时传达三种广义的意义：概念意义、人际意义和情境意义。同样，特定领域交互语言也以三种形式表达了人机交互的特定概念：

1）概念意义：一种依赖于参与者交互语义的心理模型。

2）情境意义：使用英语或汉语等语言描述的内容和意义，自然语言是构建交互特定领域语言的基本资源。

3）人际意义：一种特定的意义，在不同的人之间传达，并通过不同的媒体，如通过交互产品来实现。

通常，要创建人机交互模式，设计师需要有一个原始的概念或想法来组织交互的各种组件，并建立一个概念模型（Rogers et al.，2011）。此阶段的主要任务是基于特定的交互设计目标，使用特定领域的交互语言定义主要的交互概念。交互的意义主要是由用户（用户的特性）、产品（产品的属性）和交互情境三个关键方面组合而成。这

---

① 表达：计算机的一种性能，其目的是向用户传达某种意义。

② 类型：人机交互中使用的交互方式，如非语言交互模型（直接操作、手势、触摸）和语言交互模型（文本、声音）等。

个概念通过集成各种交互元素（如文本、图像、声音、动画和交互性）和使用特定的交互设计工具（如编程语言和模式语言）来创造一个具体的交互产品。因此，不同的接口和特定的交互模型将会被创建出来。说明了如何通过语言翻译过程将设计人员的概念转换为特定的交互产品，如图5-2所示。

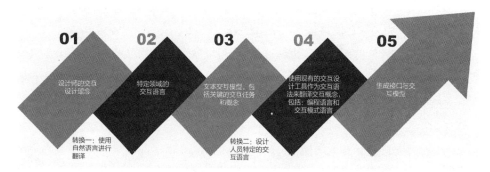

图5-2　将设计者的概念转换为具体的交互行为的语言结构模式

（2）在第二阶段，终端用户可以通过两种方式理解交互产品及其体现的意义：一方面，用户能够通过语义的方式与交互产品进行交流，例如阅读交互产品的文本和词汇，以及通过"标志"来识别的内容和含义。另一方面，用户将通过多个界面和交互模型来理解交互产物。因此，用户将根据自己的领域知识和个人视角，通过体验所设计的界面和交互模型，从而产生自己的理解。

特定领域的交互语言为用户与交互产品之间提供了强大的交流工具，丰富了人机交互。例如，用户可以通过给出适当的词语来表达自己的反应和想法，从而达到共同开发交互界面和交互模型的目的。通过利用特定领域的交互语言进行语言交互，用户可以根据自己的知识和特点对交互的模式或内容进行自定义，从而成为交互的主人。终端用户的语言交互过程如图5-3所示。

基于以上观点，我们认为构建面向用户的特定领域交互语言可以成为人机交互设计工作的核心部分。交互设计的结果是构建一种共同的人机交互语言，使终端用户成为交互产品的共同设计者（Erickson，2000b）。这意味着用户应该能够通过集成语言交互（文本交互）和非语言交互（直接交互）生成个性化的交互模式，来构建一个共同点。

总之，我们关注的是创建人机交互模式，包括交互产品和由此产生的交互意义。这首先是由交互设计人员设计出来的，但是由用户根据他们如何理解交互和设计交互的预期含义来不断发展的。因此，开发交互的过程有两个阶段。在第一阶段，设计人员设计出一个表示多个交互产品的初始交互概念元素交互实体，这一阶段的主要任务

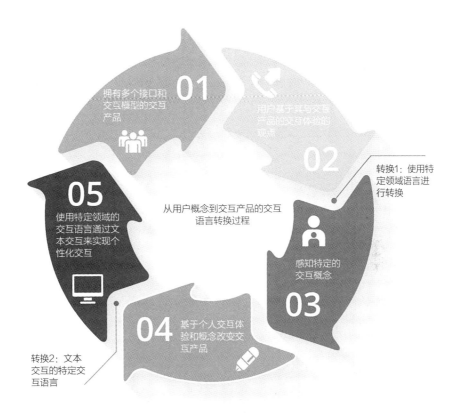

图5-3　从用户概念到交互产品的交互语言转换过程

是通过使用特定领域的交互语言构造有意义的表达、类型。这是根据设计师的交互设计理念和目的，让用户参与到所提出的概念和意义的识别中来。在第二阶段，终端用户逐步实现设计结果，设计结果体现在一个交互产品中，是由多个界面和交互模型表示的。同时，终端用户可以根据自己的理解和反思，接受或重构交互产品的意义。

　　利用语言结构构建人机交互框架，使用户能够捕捉到交互产物的意义，并重新组织交互语言。这是通过在操作提供的交互产品时使用特定领域的交互语言来实现的。此外，特定领域的交互语言在用户和特定领域的交互产品之间创建了一个共同点。因此，由于不同的涉众对设计过程的深入了解，产生了一个涉及两个参与者的个性化交互模式。它也是在特定领域使用系统的终端用户提供反馈的结果。

　　因此，不同的用户可以通过交互语言进行交互，以不同的方式协调各自的领域知识和交互需求来改变交互模式。这意味着用户应该能够通过使用特定领域的交互语言来定义交互产物的表达方式和交互类型，从而产生个性化的交互模式。因此，终端用户从初始阶段到结束阶段都参与到交互产品的创造中。最终的交互模式是由设计人员和终端用户共同合作生成的，可以改善用户的交互体验过程。

与任何其他参与者一样，终端用户作为共同设计者可以以个人的方式全面理解交互的内容和意义。这意味着用户可以通过预定义的界面和交互模型，或者通过用户自己的个性化交互模式与交互产品进行交互，从而实现其用户目标。用户可以通过情境交互自定义语言自由地修改交互产物。因此，用户在构建命令式的交互产品时逐渐适应了自己的心理模型和概念。交互产品将变得更加符合逻辑，并成为用户量身定制的产品。

接下来，我们将演示如何创建特定领域的交互语言，并根据语言结构描述其关键组件。并将举例说明特定领域的交互语言如何通过反映用户的个人交互概念来优化人机交互。

1. 特定领域的交互词汇

在最高级的阶段，三个基本的交互词汇构成了每一个常规的人机交互元素：用户、计算机（系统）和交互情境。上述交互词汇表由各种子组件构成。子组件包括单词、图片、声音、电影、动画等。这些是人机交互的交互词汇。Moggridge和Smith将交互词汇的元素分为不同的维度：1维：文字，2维：视觉表现，3维：物理对象或空间，4维：时间，5维：行为（Moggridge & Smith, 2007）。下图展示了交互语言的五个交互词汇域，并说明了如何使用交互词汇形成人机交互，如图5-4所示。

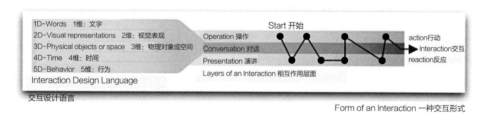

图5-4　交互词汇表

按照Moggridge和Smith的定义，交互词汇的第一个维度是单词或句子。每个单词或句子对应一个不同的对象，涉及不同的操作，并表示特定领域中不同的含义（Moggridge & Smith, 2007）。不同的工作领域使用不同的领域语言，所以会有不同的绘画语言、音乐语言等。情境通常用于描述关键概念和构建特定领域的知识。在交互设计中，情境可以让用户快速理解交互的功能或意义。

第二个维度的词汇表包括绘画、排版、图表和图标。当我们看一幅画的时候，即使它不是具象的，人们仍然可以在一定程度上理解它。但这种理解利用了观众的背景经验和知识。

　　第三个维度的词汇表包括产品的物理属性，以及它们如何传达人们在使用产品时可能产生的某种感受。它与人们如何理解产品有关。例如，如果一个产品有一个手柄，我们就会知道它是用来抓取某样东西的。设计师就可以通过集成产品的各种物理元素，在产品中创建不同的使用功能。

　　第四个维度的词汇与时间有关。声音、电影和动画均属于这类词汇。

　　词汇的最后一个维度是人们的日常行为。它与人们同产品交互的行为有关。这种互动是基于人们以前的知识和经验，必须在更广泛的社会交互的背景下看待（Zhuge，2010）。

2. 特定领域的交互语法

　　设计师的主要目标是设计一个特定的交互产品，以实现各种预期的设计目的。一般来说，有两个重要的交互概念：以对象为中心的交互概念和以体验为中心的交互概念。两者都用于生成具体的交互产品来传达这些交互概念。首先，我们使用两种类型的交互语法转换上述两种交互概念：编程语言和交互模式语言。

　　因此，以对象为中心的交互概念关注的是可用性目标，而以体验为中心的交互概念的目标是实现预期的体验。不同的交互概念建立在参与者不同的交互语义之上。其中，用于传输面向对象的交互概念的交互语法是编程语言。通过创建一个具体的交互构件，编程语言被用来构造以对象为中心的交互概念。通过这种做法，交互产品可以成为一种设计者可以让用户使用的知识。例如，我们可以使用这种交互语法来构建操作界面和工具交互模式。在第5.3节中，我们描述了这种类型的接口和交互。

　　此外，设计模式语言也被用来实现以体验为中心的交互概念。模式语言的主要目的是根据用户与计算机的交互方式设置交互场景。人与计算机之间的交互通常是在特定的界面和交互模型下进行的，并在此基础上传递不同类型的交互体验，包括物质的、认知的和反思的体验。其中，通过组合交互的各种组件，设计人员将模式语言作为体验性交互语法从而形成预期的体验性交互语义。得到的接口和交互模型是：处于位置的接口和特定的交互模式。

　　特定领域交互语言的语法描述了用于构建交互框架的基本结构及其结果、意义。该领域包括交互的特征和各种交互元素之间的关系。从语言理论的角度来看，语法是语言的基本组成部分，也是语言的底层结构（Allwood，1976）。语法的主要功能是通过语义设计出前面提到的各种交互词汇表来生成有意义的交互产品。

　　通过对交互语法的研究，我们旨在确定一些基本的结构，以便在不同的用户和计算机之间构建有效的交互和预期的含义。

　　下面，我们将通过整合交互的基本要素包括用户的特征、人工产品的属性和建立在语言学理论基础上的交互情境来演示交互语法是如何被用来构建人机交互和意图意义的。

这意味着不同的参与者（包括设计人员和用户）可以通过不同的交互语法体系结构为特定的交互产生不同的含义。从交流的角度来看，我们认为当设计师和用户以共同构建交互为目标时，他们不仅仅是在构建一个具体的交互实体，更重要的是，它们传达了预期的意义和期望的体验。

在本节中，我们将探讨三种类型的交互语法，它们用于生成不同的含义和人与计算机之间的交互实体。它们是：以对象为中心的交互语法、以体验为中心的交互语法和面向用户的交互语法。我们使用三种不同的语言实现上述三种交互语法：编程语言、设计模式语言和特定领域交互语言。例如，不同的接口和交互模型展示每种语法类型的结果含义。

（1）面向用户体验的交互语法

面向用户体验的交互语法是通过在认知层面构建特定的用户交互语言来生成情境化的交互模式。它将用户的认知行为和交互产品（系统）的性能进行形式化，以获得不同的预期交互体验。这些交互体验是由设计师根据不同的类型来定义的，如有用的、愉快的和美观的体验。一般来说，面向体验的交互语法旨在描述特定的交互过程特征，从而为用户在使用产品时带来理想中的体验过程与体验感受。换句话说，我们是根据用户期望的体验过程来创建特定的交互语言来组织用户的交互认知和活动的。

面向体验的交互语法利用了以人为中心的、关注用户交互体验的设计方法（Wright et al., 2008）。从以人为中心的设计角度来看，设计师更有可能从交互中为用户提供理想的体验过程（Rogers et al.,2011）。这种方法主要依赖于设计者的理解，这种理解是基于对用户在特定交互环境下的标准工作流程、认知能力和知识体系的分析。我们在这方面已经做了很多工作，并且提供了许多用于设计交互的技术，例如故事板、任务工作流、场景、角色等。图5-5展示了一个用于创建以用户体验为重点的网站用户界面的设计框架。

（2）特定的交互

设计师会根据他们的用户研究结果生成一个合适的交互模型。这是一个以用户为中心的设计模型，关注人们的认知心理学和交互行为。图5-6提供了组成特定交互的简单结构。通过遵循这种结构，用户可以有效地操作特定的产品。以绘图系统为例，一般来说，终端用户不能更改这种特定交互和功能的结构。它要求用户遵循交互的顺序，找到按钮的位置，以便随时找到合适的功能，快速有效地完成特殊任务。

特定的交互模式使用户在操作系统时实现其基础的交互结构，允许用户以一定的方式使用系统。然而，特定的界面与特定的交互模式对于某些用户在特定的情况下能较为有效、顺畅的使用，但是其他用户在不同的情况下使用可能会出现效率较为低下

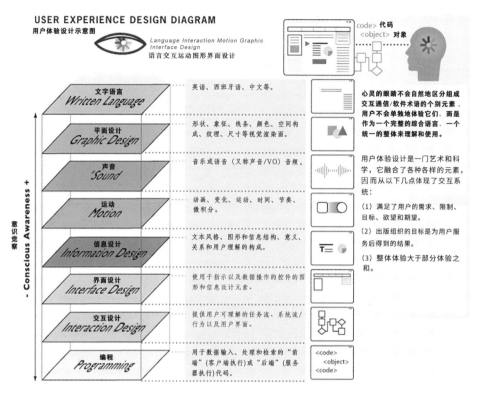

图5-5 以用户体验为重点构建用户界面的体系结构
（来源：http://uxdesign.com/ux-defined）

图5-6 Photoshop中特定的交互结构
（来源：http://www.lonerobot.com/images/Photoshop/psclasses.jpg）

或遇到较多的使用障碍。大部分人们只是不按照这些情境操作模型所规定的方式与交互产品（系统）进行操作或交互（Rumpe., 2004）。虽然用户建模是在特定的应用程序中生成有意义的交互的一种方法，但是它很难创建一个模型来适应所有的应用程序（Zhuge, 2010）。因此，提供一种面向用户的语言来平衡用户与计算机之间的交互关系是非常必要的。研究表明，不同的用户以不同的方式来工作（Fischer, 2001）。这是真实的，即使是同一用户，他也会根据不同的交互情境应用不同的交互模式（Mackay, 2002）。

在下一节中，我们提出了一种面向用户的特定领域的交互语言，利用该语言可以实现用户特定的交互语法，与计算机建立交互对话。

同时，我们将说明特定领域的语言是如何促进终端用户表达其交互语义，以便与计算机建立相互的对话。

5.3　实现用户的交互语义

特定领域的交互语言是用户定义的交互语法。这种交互语言要将用户抽象的交互概念转化为具体的交互产物，就需要不同类型的交互语法来完成不同的交互概念（面向对象的交互概念、面向体验的交互概念和用户指定的交互概念）。因此，特定领域的交互语言允许人机交互的每个参与者在物质、行为和情感层面相互沟通。这一部分可以实现，因为终端用户可以通过情境与概念进行交互来完全理解特定领域的交互设计概念。

更重要的是，用户在通过所提供的界面和交互模型体验交互对象之后，将在交互过程中执行自己的交互语义。这种类型的交互可以通过情境交互来实现。

综上所述，特定领域的交互语言是一种面向用户的交互语言。特定领域的交互语言是作为用户的交互语法被提出来的，用于改变人与计算机交互的结果。因此，特定领域的交互语言将帮助终端用户解决交互过程中不同阶段和层次的交互问题。通过使用特定领域的交互语言，用户可以为交互创建特定的含义，以表达其交互概念。结果将由计算机以不断变化的接口和交互模型的形式执行。

从认知心理学的角度来看，不同的界面和交互类型会引起用户在不同层面的交互体验，如物质、行为和反思层面（Norman, 1988）。例如，在物质层面上，用户将通过工具交互来理解面向对象的交互概念。同样，用户应该通过使用特定的交互模型来捕获面向体验的交互概念。图5-7显示了用户如何通过使用语言根据其观点和目的更改交互产品的过程。

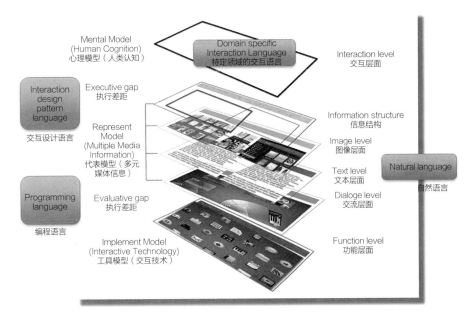

图5-7　个性化人机交互系统

特定领域的交互语言提供了一种关键的表达交互方法，允许用户根据其个人交互概念（包括面向对象的、面向体验的交互概念）进行个性化交互。例如，为了让用户表达其交互语义，最好让用户直接执行适当的交互模式。例如，使用情境来演示其想要实现的概念。人们的日常交流就是一个很好的例子。图5-8展示了人机交互工作流是如何发生的。

将特定领域的交互语言应用于实现用户交互概念的过程包含两个方面。第一个是面向对象的交互语义，第二个是面向体验的交互概念。

表格5-3展示了用户如何利用交互语言在不同的级别构建适当的共同点。最终，当使用特定领域的交互语言对设计人员创建的系统进行优化时，用户将完成交互语言的语用模式的使用过

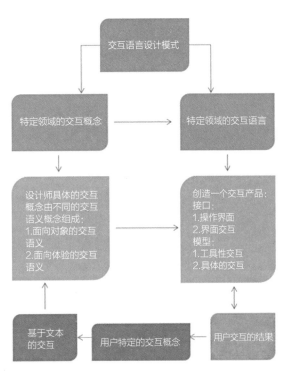

图5-8　基于交互语言的人机交互模式

程。因此，在交互领域的特定语言的基础上，用户和计算机（设计人员）能够通过交互语言的交互，双方之间可以相互理解并积极合作。使用多种交互模型，包括特定领域的交互语言，生成不同级别的人机交互模式。

特定领域交互语言的语用性		表5-3
用户的交互语义	交互模型	交互的层面
以对象为中心的交互语义	操作界面与仪器交互	物质层面
以体验为中心的交互概念	情境交互界面和特定的交互模式	认知层面
用户特定的交互语义	基于情境的交互模型——使用特定领域的交互语言进行交互的过程	情感层面

在下一节中，我们将根据用户的期望详细说明情境交互如何支持用户与计算机的协作，也将详细描述用户如何使用交互语言与计算机进行交互。

5.3.1 用户特定的交互语法

用户特定的交互语法反映了特定用户的视角与交互需求。用户定义交互的方式取决于其个人知识和对特定交互产品的反应。更详细地说，用户个人的交互语义图像驱动用户如何识别交互产品（Zhuge，2010）。

用户特定的交互语法决定了用户将如何在其概念或心智模型下定义特定的交互情境和工具属性（Norman & Draper，1986）。这个模型是由用户的交互语义生成的。在语义交互原型研究和高保真原型研究中，我们将举例说明用户如何使用绘图系统生成交互式语义和交互式语义图像。

我们认为，用户特定的交互语法是用户形成个人交互模型的一种有用的方法，用户可以使用该模型来传递特定的交互概念。个性化的交互模型和概念在构建用户与交互产品之间的交互关系起着至关重要的作用。

David Liddle指出，交互设计最重要的是捕捉用户的概念模型或心理模型。其他的一切都应该服从于创建清晰的、明显的和有重大价值的模型（Liddle，1996）。因此，通过使用用户特定的交互语法，用户可以通过个性化交互来表达其交互概念或心理模型。换句话说，如果我们能够为用户提供一种定义其交互的方法，就有可能构建一个用户已经拥有的个性化交互产品。

遗憾的是，目前的HCI侧重于构建面向用户的交互模式，还没有对用户指定的交互语法进行全面的研究。一个重要的问题是，用户的交互概念和交互语法是无形的，并且存储在用户的头脑中。这些都是很难捕捉的，也很难创建一个交互产品以适应不同用户的观念和需求的多样性。

虽然有许多作品是为了帮助人们成为交互的主人而开发的，但它们的成功是有限的。例如，根据上面的透视图创建高度定制的接口，这些包括用户适应程度、适应性界面和自然界面设计（Dumas et al., 2009）。

软件工程的另一个解决方案是让普通用户更容易学习计算机语言，这些被称为自然编程语言（Pane & Myers, 2006）。自然编程语言可以在一定程度上提高用户使用计算机语言的能力，但到目前为止，普通用户仍然发现在短时间内学习计算机语言是一件较为困难的事情（Pane & Myers, 2006）。

另一个重要的研究领域是人工智能（AI）。例如，人工智能的一个重要研究目标是使计算机或机器能够通过不同的交互方式来理解人类的思维，包括手势、面部表情、语言等。

鉴于此，我们认为用户特定的交互模式最好由用户自己来形成，而不是由设计师等其他人来形成。我们需要的是一种能够让用户自然表达自己的交互方式。Forlizzi和Battarbee将这种交互称为富有表现力的交互（Forlizzi & Battarbee, 2004）。

为了创造富有表现力的交互，我们必须探索用户是如何使用、协调和解释交互及其意义的。研究表明，人类可以将外部世界概念化，形成语义世界观，并能够通过语言与其他个体进行意义交流。除此之外，人的交互形式与社会是不可分割的，人与人之间的互动是最基本的社会行为（Zhuge, 2010）。

这些特征导致不同的用户体验取决于交流的水平，包括本能的、行为的和情感的（Norman, 2007）。换句话说，用户交互的质量决定了用户能否达到各种预期的目的，这些目的来自于交互的可用性、有效性和情感性。

许多研究人员认为，为人机交互提供一种通用的语言是有必要的（Erickson, 1998, Erickson, 2000a, Winograd, 1986）。通过共同语言，用户可以通过表达他们在交互中需要的各种东西来实现个性化交互。

5.3.2 用户定义的面向对象的交互概念

交互设计者利用编程语言和模式语言来构建初始交互空间。面向对象的交互方式提供了必要的功能和可用性。同时，我们可以使用基于情境的特定领域的交互语言来操作交互产品的属性。通过这种方式，交互可以向个性化模式的方向发展。交互产品的用户可以使用特定领域的交互语言来实现用户的目标。

情境交互概念可以修复用户在操作物质产品时可能遇到的一些潜在问题。例如，当不熟悉交互产品的属性和结构时，用户可能很难使用传统方法找到合适的功能。这些交互不允许用户以个性化的方式使用计算机。当用户与复杂系统进行交互，但缺乏操作系统所需的特定交互领域知识时，此问题更容易发生。即使是在特定的领域内，不同的用户将拥有不同的领域知识。例如，两个不同的Photoshop "专家"用户可能各自使用程序可用功能的不同子集。尽管每个人都知道自己想要什么，也知道它的名称，但为了找到自己要用的东西，他们要费力地从几十个多余的菜单项中找出他们永远不会用到的函数。

最初，在物质层面上，通过基于情境的交互，用户能够使用交互语言来阐明和修改面向对象的交互概念。例如，这可能涉及立即获得一个合适的工具并用一个新概念重新定义它。

5.3.3　用户定义的面向体验的交互概念

在认知层面上，即使是相同的交互产品，不同的用户也会有不同的理解。用户的理解或体验会引导他们做出理性的反应。正如我们之前提到的，当前的交互艺术品很难实现个性化。这是因为交流的形式通常来自设计师，而不是用户自己。这导致了一些认知鸿沟，如执行鸿沟和评价鸿沟（Norman，1988）。HCI研究表明，在许多情况下，设计师创建的交互语义在通过特定的交互产品传递给用户之后会出现问题（de Souza et al.，2001）。通常情况下，只有部分的交互语义，包括产品的概念和交互的体验可以传达给终端用户，因为每个用户都有不一样的理解和能力。所以，对话问题仍然存在于当前的人机交互中（de Souza et al.，2001, Ryu & Monk，2009）。

5.4　本章小结

本章描述了如何使用ILDP生成个性化的交互模式。ILDP的结果支持我们的假设，即终端用户应该能够根据他们的观点与需求定义和改变他们的交互方式。新的交互模型允许用户个性化与计算机的交互。

我们已经构造了用户特定的交互语言来支持个性化交互模式。用户特定的交互语言是用户在物质、认知和情感三个层面对交互系统进行评价的结果。因此，ILDP通过结合本章开头所讨论的人们交流的原则，构建了人与计算机之间的平衡对话模式。

在第5.2节中，我们解释了用户如何通过构建特定领域的语言来表达他们的体验感受与过程。此外，在交互过程中，用户在自定义交互过程中发挥着积极的作用。ILDP通过鼓励用户根据他们的知识、感知、理解和态度反应做出决策，构建个性化的交互模式。

在第5.2.2节中，特定领域交互语言交互作为ILDP的一个重要成果被引入进来。这种交互语言通过在用户和计算机之间建立语义交流来支持平衡的对话。例如，交互语言交互允许用户输入一个特殊的单词或句子，根据用户的个人交互意图和领域知识，丰富用户的交互体验。通过交互语言，用户与计算机保持对话式的交互过程。

在第5.2.2和5.2.2小节中，我们介绍了用于生成个性化交互的特定领域交互语言的关键组件。这种交互语言使用户能够在语义层面上与计算机进行协作。在第5.3节中，我们展示了用户如何使用特定领域的交互语言来表达他们的交互语义，该领域语言提供了支持交互的重要方式，而且此方式更接近于人们的日常交流。在应用程序的不同环境或阶段，所有词语对于不同的用户都具有独特的含义。由于交互语言的交互过程利用特定的领域词汇，通过对象的属性和情境的特征直接链接到交互的目标，特定领域的词汇可以帮助用户以更合适、更个性化的方式操作系统。

最后，我们描述了使用特定领域的交互语言进行交互的结果，包括语义接口和个性化交互模型。这意味着当用户能够充分参与到交互设计的过程中，参与到与计算机协同开发的共同体验中，就会产生一种人机交互的共同语言。

在下一章中，我们将演示用户特定的交互模式语言是如何生成语义接口和个性化交互，从而使人机之间能够有效地交流。

第 6 章

交互设计的个性化
语言应用

本章运用交互语言设计模式（ILDP）进行人机交互设计，包括两个部分：第一部分，我们基于ILDP的理论框架，建立一个面向绘图系统的语义交互原型。第二部分，应用可用性测试对绘图交互原型进行测试完成一组绘图任务。本章详细描述了测试的过程和结果，并分析了可用性测试的意见。

6.1 交互原型设计

本章节中，我们将举例说明如何使用交互语言设计模式（ILDP）来创建一个特定于用户特征与需求的交互语言，该语言允许用户以更个性化的方式操作计算机，而且，交互语言通过让用户成为交互产品的共同设计者来提高使用效率。由此，我们为绘图系统创建了一种交互语言。其目的是通过用户指定的交互语言产生语义界面和个性化的交互方式，使用户与计算机之间的对话以及相应操作变得更加有效。

通过提供用户指定的语言，该交互系统支持更合理的交互体验方式。具体来说，我们提供了一个语言输入栏，允许用户根据自己的需求与喜好输入相关的句子或单词以达到交互的目的（第6.1.2节）。这一类方式意味着用户可以根据自己的概念输入一个单词或句子来操作系统，这是传统交互系统难以实现的。而且，这些词汇是面向用户的特定领域的语言词汇（第5.2.2节）。所有单词都是特定于使用具有不同应用程序目的的特定系统的用户，并支持用户进行语义交互。通过语义交互的模式可以让人机交互比传统交互（如工具交互、某特定领域的交互）更合适、更有效（第5.3节）。

设计者们使用ILDP的一个重要结果是，用户通过计算机的交流界面与交互方式进行语义建模（第5.3.1节），系统最终会根据用户的交互语义自动修改界面，并且向用户提供有意义的交流界面（第6.1.2节），以协作的方式执行合理的反馈响应任务（Zhuge，2010）。

我们会首先建立一个纸质原型用于交互原型的研究（第6.1.4节）。研究结果已用于构建高保真原型，并将用于高保真原型研究和绘图系统用户测试（第6.1.5节）。

6.1.1 研究目标与问题

本章节中的案例研究主要是探索如何通过ILDP创建一个绘图系统和一个用户个性化的交互框架。其目的是构建用户个性化的交互方式使用户能够在与系统交互的过程中建立起一个能够支持交流的共同基础。

本案例的具体研究问题有：

（1）交互设计师如何使用交互语言设计模式（ILDP）来创建面向用户的交互语言以实现个性化交互？

（2）ILDP在实现个性化交互方面成功吗？

6.1.2 方法

首先，通过制作面向绘画系统的交互语言研究原型，我们旨在回答研究问题的第一部分。为了评估交互语言原型是否符合我们的设计目的，我们设计了一份可用性调查问卷用于询问用户对于使用该绘图系统的使用体验，而且会根据这些意见进行分析，并将这些反馈意见运用到高保真原型的开发中。最后的高保真原型用于测试用户对第二个研究问题的体验感受。我们还在接下来的章节中探讨了关于用户交互体验的研究方法。

1. 构建特定领域的交互语言的纸质原型

第4章讨论了如何利用ILDP创建交互语言框架来实现个性化的人机交互模式。在本章中，我们利用ILDP制作了一个数字绘图系统交互语言的纸质原型。

2. 创建交互概念

在创造具体的交互产品之前，我们通常先根据此产品下一个定义———一个阐述交互产品、交互情境和预期用户体验的目的的准确的、详细的定义。

这是在人与计算机之间创建可理解的交互模式，以及建设此模式共同基础的第一步。对于特定领域的交互概念是设计者在特定领域进行分析研究的基础上提出的。在这种情况下，我们的交互概念可以帮助用户轻松自然地使用特定的绘图系统进行创作。我们的主要任务是建立交互设计概念，基于特定的目的构建相对应的交互系统。因此，我们的重点是创造一个在绘画领域面向用户的交互语言来建立其个性化的交互系统，让用户创建出他们理想中的交互概念，并为人与机器在交互模式上建立共同的语言基础。在下一节中，我们将展示如何构建这种特定的交互语言，以及用户将如何使用它来实现个性化交互模式。

3. 构建特定领域的交互语言

第5章中，我们指出了特定领域的交互语言是为了实现参与者的交互概念而设计的。因此，我们提出了一个语言设计框架，并通过语言生成（语汇）、交互语言感知（语法）和交互语言含义（语义）三个步骤来构建用户导向型的特定领域的交互语言框架。在接下来的工作中，我们通过为绘图系统构建一个特定领域的交互语言纸质原型来说明交互系统的开发过程。

4. 特定领域的交互语言生成（语汇）

首先，设计师需要为特定的交互产品提供一个原创的设计理念，以建立用户与计算机之间的基本交互关系。设计师的交互产品设计概念是基于各种交互技术来构建的。所以，我们在前文提到的特定领域的交互语言的作用为用户使用这种交互语言向计算机传达他们的需求与目的，以建立与计算机基本的交互关系。

交互概念的总体目标是为具有不同技能和知识背景的用户创建一个基于ILDP的个性化绘图系统，从而使绘图的使用步骤以及使用过程变得简单有效。交互设计流程是从以下几个方面开始的：

（1）阐明为不同用户创建合适的绘图工具的概念。

（2）交互设计产品支持主要任务和子任务，让用户在获得有意义的反馈的同时执行操作任务。

（3）系统支持用户建立他们与交互工具之间的密切关系。

绘画语言的词汇有五个维度：

（1）第一维度词汇：文本。

（2）第二维度词汇：视觉表现（图片、形状）。

（3）第三维度词汇：物理对象/空间。

（4）第四维度词汇：声音（音乐）、动画。

（5）第五维度词汇：人类交互活动。

然后，我们将演示如何通过集成上述维度来构建绘图系统。为了测试绘图系统的基本概念的运作，我们使用了一个"低保真"纸质原型。

为了构建绘图系统的纸质原型，我们使用到交互模式语言，而Dearden和Finlay认为交互模式语言是存储人机交互基本设计知识的重要形式，它帮助我们构建合理的交互系统框架（Dearden & Finlay，2006）。

在本例中，我们使用了Jenifer Tidwell创建的交互设计模式。另一个重要的设计资源是Adobe Photoshop的使用指南（Tidwell，2006）。链接：https：//www.ischool.utexas.edu/technology/tutorials/graphics/photoshop7/section4.html。

　　通过使用交互模式语言和设计指南，我们创建了一个交互原型用于探索终端用户使用绘图系统的方式。为了实现这一点，我们使用了不同类型的交互词汇表，包括可视化表现形式（图标、按钮）、信息体系结构（调色板）、人们的日常交互活动的基本构造，如图6-1、图6-2所示。

　　在系统的反思层面，我们使用特定领域的交互语言来允许用户将文本和其他类型的交互词汇表连接在一起。换句话说，特定领域的语言使用的是用户已经使用过的专业

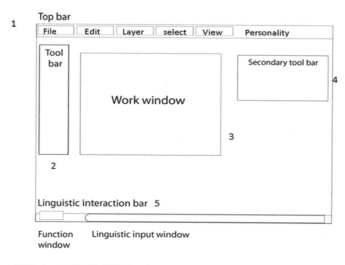

图6-1　图纸系统原型界面布局采用界面设计模式语言

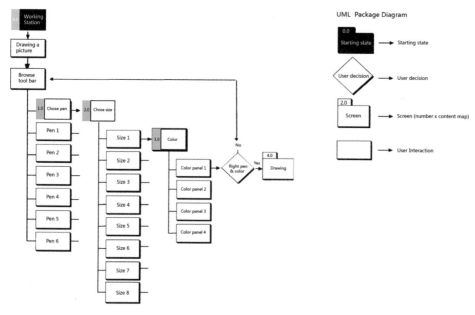

图6-2　完成绘图任务的交互体系结构

绘画术语。绘画语言包含专业语汇库、概念，以及它们之间的关系和属性。它为我们提供了一个关于美术绘画的基本知识范围，并帮助我们开发一个美术领域的绘图系统。例如，绘画语言包含了绘画的基本概念，包括点、线、面、色彩、空间等。更重要的是，它建立在一个基本的知识框架上，即人们在传统的绘画方式中所必需的工具与绘画元素。图6-3展示了我们参考Adobe Photoshop使用指南的一些关键词句和图标。

特定领域的交互语言是一种用户导向型的语言，它允许用户使用情境交互模式来构建与绘画工具相关的基本交互语义。用户进入绘图系统的情境将影响相应的交互界面和交互模型的变化。在此过程中，特定领域的交互语言允许用户基于其领域知识、交互概念、需求和目的与绘图系统建立交互关系。用户利用特定领域的交互语言来解决使用系统进行绘画过程中产生的不同问题，并引导不同的用户以个性化的方式开发属于自己的特定绘图系统。

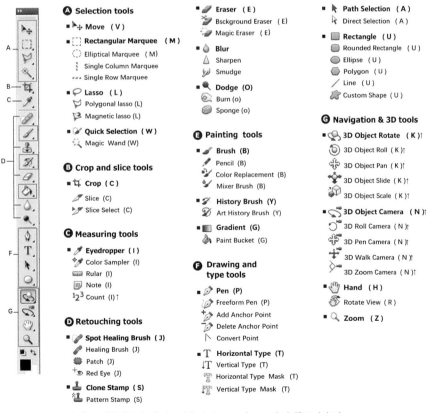

图6-3 Photoshop工具面板中的组件术语
（来源：http://helpx.adobe.com/photoshop/using/tools.html）

5. 特定领域的交互语言感知（语法）

当终端用户使用了绘图系统，它就开始进入第二个阶段，即交互语言感知阶段，对于这个阶段，交互的结果反映了用户是如何理解所提供的交互产品——绘图系统及其底层交互语义。这个感知过程发生在三个层面：物质层面、认知层面和反思层面。语言感知的结果是基于用户的个人背景知识和技能所产生的，这些知识和技能决定了用户如何与绘图系统进行交互。此外，我们预测交互语言感知的结果将导致用户通过使用特定领域的交互语言在语义上来反映他们的交互方式。

6. 特定领域的交互语言含义（语义）

使用特定领域的交互语言的目的是允许用户通过文本交互方法以适当的和自然的方式定义其交互模式。为此，我们设置了一个允许用户输入单词或句子的语言输入栏。

在实践层面上，用户通过在三个阶段开发自己的交互语义系统来达成与计算机的合作，这三个阶段分别是：物质阶段、认知阶段和反思阶段。这个过程被称为"语言语用学"，与特定用户如何使用其领域知识来实现个性化交互模式有关。用户的交互模式涵盖了参与者与计算机交流的不同方面和层次。

在用户无法找到合适的可运用于该特定领域交互系统的操作指令，或者难以操作的绘图工具的情况下，用户可以使用以情境为基础的交互模式来定制个性化的应用程序，以达到他们理想中的交互目的。情境交互允许用户根据其个人经验进行个性化交互。因此，人机交互的方式将变得更有意义和更有效。

交互语言设计模式从两个方面来促进个性化交互系统的创建：构建"以用户为中心的交互语言"以及"以用户体验为中心的交互语义"。

系统的脚本词汇表连接各种绘图工具和功能模式。动作词汇表与工具的属性有关，例如，要绘制一条线，用户可以输入单词"pen"来获得钢笔托盘（或者如果钢笔当前显示在界面上，则从工具栏中选择钢笔）。此外，用户可以输入单词"大小"，系统界面屏幕上就会出现一个用于更改钢笔大小的托盘。因此，通过以情境为基础的交互方式，用户能够选择一个大小合适的工具来完成绘图任务，如图6-4所示。

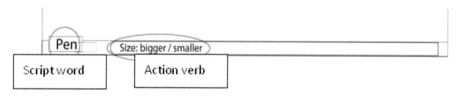

图6-4　使用交互术语进行语义交互

在设计阶段，交互语义是通过使用语言体系结构来进行开发和创造的。当产品交付给终端用户后，将开始第二个设计生命周期，即使用以文本为基础的语言来实现个性化交互。

接下来，我们将详细说明特定领域的交互语言是如何支持用户进行绘图的。

7. 调整绘图系统以符合用户的使用意图

用户在一开始是如何基于其对其他绘图系统的知识来使用这个绘图系统的。正如我们所知，用户对特定领域的知识有不同层次的了解。有时某些用户可以很容易地找到操作界面和操作绘图系统的方法。然而，在其他时候，某些用户可能会在查看系统界面后仍然无法找到合适的工具来完成目标任务。在传统的图形用户界面中，用户必须翻遍菜单才能找到合适的工具。相反，在原型ILDP应用程序中，用户能够通过在功能区输入相关词语定位到想用的工具并使其立即投入工作，如图6-5所示。通过使用以交互语义情景基础的交互模式，用户可以通过添加或删除元素来定制界面工作区的每个功能元素。

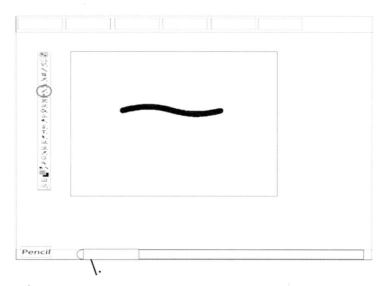

图6-5　语义交互：输入单词：钢笔

综上所述，这种类型的交互基于以用户为中心的交互语法。学习如何使用特定词汇是生成以用户为中心的交互语义的第一步。

8. 语义接口

预先设计语义接口是设计人员交互语法的可见（或可听）形式的表现和结构。语言的语法规则决定了语言的基本任务以及设计人员组织这些任务的方式。

　　在物质层面上，用户主要处理每个单独的元素，并理解与用户任务或目的相关的不同元素，如图6-6所示。

　　在使用产品或系统时，用户可能喜欢以个人的喜好以及更适合自己的交互方式来定制交互系统。在这里，用户的背景知识和语义交互模型使用户能够输入特定的单词来重新定义界面。这些单词将触发特定的底层控制函数，并在界面上显示相关信息，以帮助用户完成手头的任务，如图6-7所示。

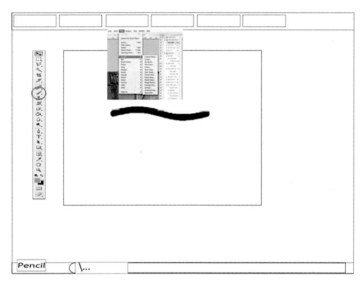

图6-6　使用基于文本的语言进行个性化交互的接口

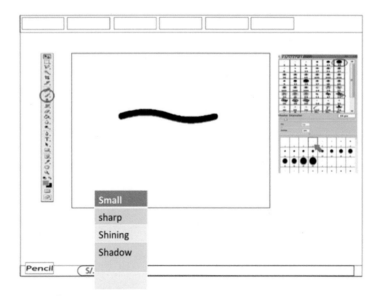

图6-7　输入术语并根据用户的交互语义修改界面

在认知层面，交互的目的是为了使用户能够在设计师所构成的绘画界面与用户交互行为之间建立一个共同的基础，让交互成为有意义的互动。

对于终端用户来说，设计者交互语义的识别程度取决于用户对包括分类、对象、个体、关系、规则和交互在内的绘图系统的理解和使用程度。此外，不同的用户会因他们分类空间、感知能力和交互目的的不同而产生不同的反应。

而新的界面是用户通过与计算机运用特定的交互语言进行持续对话所创建的，通过有意义的交互，来实现用户的意图以及交互的意义。

9. 个性化交互

在情感层面，通过与绘图系统的不断交互的过程来自定义绘图系统，生成用户指定的交互语言。通过使用语义交互，用户可以与其心智模型相关的特定情境中为特定的任务或目的勾画出自己的交互模式语言（Norman，1988）。其目的是通过用户参与个性化过程，逐步生成针对特定用户的特定交互界面。

用户能够根据自己的意愿，将他们的交互方式系统化，以完成他们的任务或目标。例如，用户在修改界面时越自信，系统就越容易实现他们的目标。

使用交互语言对交互界面进行个性化设置使得用户的交互模式可以反映和回应用户的思考、问题以及在动态交互过程中的体验。此外，交互允许用户映射、补充和集成交互的现有元素，包括由软件工程师和交互设计师创建的所有可用词汇表，如图片、声音、动画和交互设计模式。因此，交互的目的是帮助用户认识绘图系统，并探索自己与系统的关系。

6.1.3　构建交互原型

为了得到用户的反馈，我们制作了一个用户问卷来进行语义交互原型的研究（Rogers et al.，2011）。问卷收集了用户对语义交互原型的看法与相关的数据，并对特定领域交互语言的可用性进行了评估。这份问卷有几个目的，包括询问用户对ILDP原型的看法；它是否做了他们想做的事；他们是否喜欢它；他们在使用原型时是否遇到问题；他们是否想再次使用它；以及他们想为高保真原型的进一步发展而改变什么。

1. 首要参与者

交互设计语言的原型研究的参与者为来自大学校园且年龄处于21~38岁之间的三名女性和三名男性。他们的平均年龄为28岁。其中有两名来自熟悉绘图软件的设计领域。其他人均来自不同的专业领域，有不同的专业背景，如计算机科学、教育等，而且他们没有较多的使用数字绘图软件的经验。

2. 材料

每个参与者会被问10个问题。问题的范围较广，包含了许多开放性问题，目的是为了从参与者那里收集更多的意见，问卷调查如表6-1所示。

	语言交互原型使用的问卷调查 表6-1
1	当你想画画的时候，你觉得绘图系统如何？
2	你是如何使用绘图系统来完成任务的？
3	你在使用绘图系统的过程中有什么问题或困难吗？这些问题是什么？
4	你最喜欢的绘画方式（互动）是什么？
5	你不太喜欢的绘画（互动）方式是什么？
6	你觉得画画时更有创造力吗？例如，它能激发你的创造性反应吗？
7	你在使用绘图系统做你想做的事情的时候感觉容易吗？随心所欲吗？换句话说，你觉得系统明白你想要它做什么吗？
8	你喜欢这种画画方式吗？
9	总的来说，你享受这种绘画体验吗？
10	你还有其他看法吗？

6.1.4 低保真原型设计

本章所展示的语言交互原型将用于帮助参与者完成问卷调查。我们用于案例研究的语言交互原型如纸质原型1~6所示：

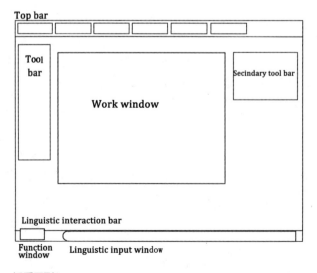

纸质原型1

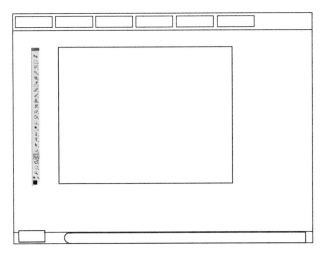

纸质原型2

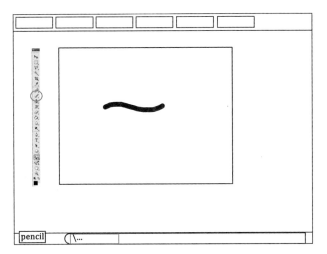

纸质原型3

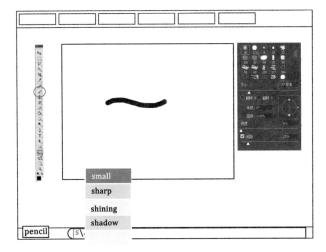

纸质原型4

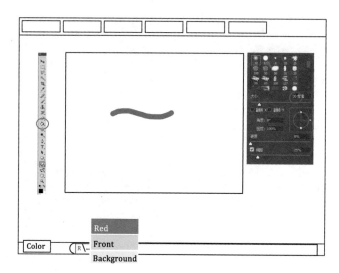

纸质原型5

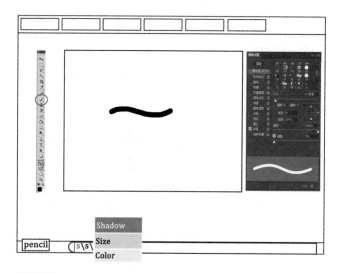

纸质原型6

1. 任务

我们通过特定的交互语言为研究纸质原型创建了三个任务去探索参与者和绘画系统之间的交互关系：

（1）任务1：要求用户使用不同的绘图工具（铅笔、钢笔、油笔和蜡笔）绘制一个简单的形状。

（2）任务2：要求用户绘制不同大小的线条。

（3）任务3：用不同的颜色画出不同的形状（圆形、矩形和三角形等）。

2. 过程

本研究共分为两部分，第一部分涉及向参与者展示纸质原型并进行简要介绍。之后，我们要求参与者根据自己的经历填写问卷。完整的一个案例调查共花费了大约20分钟：10分钟用于绘制任务，10分钟用于完成问卷。在我们开始调查之前，我们向参与者简要介绍了案例研究。在某些情况下，我们延长了任务时间或问卷时间，因为一些参与者想要对原型提出更多的问题，而且他们需要更多的时间来完成这个纸质原型的绘制任务。

3. 数据准备与编码

在完成所有六名参与者的调查后，我们收集了数据，并分析了每个参与者对每个问题的反馈和意见，具体情况如表6-2~表6-11所示。

语言交互原型第一题评语　　　　　　　　表6-2

第一个问题	当你想画画的时候，你觉得绘画系统如何？					
参与者	参与者1 专家（女）	参与者2 初学者（女）	参与者3 初学者（女）	参与者4 初学者（男）	参与者5 初学者（男）	参与者6 专家（男）
选自参与者的原始评论	"界面使用起来很简单，我确实需要花很长时间来浏览很多系统的条目。所以我很担心这个绘图系统只能让我画某一些东西，不能广泛地按自己的内心随心所欲地画。"	"它看起来像一个画板，对我来说可以很容易地直接开始绘画。"	"这个绘图系统很特别，因为我没有在界面上找到更多的按钮和菜单。"	"我不确定这个绘图系统是如何工作的，我想试试。"	"我可以随心所欲地画画，我认为这可以让我画出比使用Photoshop等其他绘图系统更好的图片。"	"它没有很多我可以使用的功能，所以我不知道如何才能画得更好。而且我不太喜欢这样的画画方式。"

语言交互原型第二题评语　　　　　　　　表6-3

第二个问题	你是如何使用绘图系统来完成任务的？					
参与者	参与者1 专家（女）	参与者2 初学者（女）	参与者3 初学者（女）	参与者4 初学者（男）	参与者5 初学者（男）	参与者6 专家（男）
选自参与者的原始评论	"简单地通过输入单词来找到合适的工具完成任务。"	"直接输入工具名称。"	"直接输入名称获取工具并完成任务。"	"输入工具名称"。	"学习语言输入的功能，学会如何画画。"	"把单词和工具结合起来很酷，但他更喜欢使用快捷方式来获得工具。"

语言交互原型第三题评语　　　　　　　　　　　表6-4

第三个问题	你在使用绘图系统的过程中有什么问题或困难吗？这些问题是什么？					
参与者	参与者1 专家（女）	参与者2 初学者（女）	参与者3 初学者（女）	参与者4 初学者（男）	参与者5 初学者（男）	参与者6 专家（男）
选自参与者的原始评论	"没有。我认为这个绘图系统对于初学者是很好的，但对于专业绘图者来说不太好使用，因为专业绘画者更有可能长期使用类似的系统。"	"使用起来很有趣，但是界面需要改进。"	"控制和学习它并不难。它可以满足我的要求。"	"使用这个绘图系统没有什么大问题。"	"我不确定使用不同的绘图系统有什么不同，比如Photoshop、Illustrator、Freehand等。"	"非常希望可以看到这个系统有更多的功能。"

语言交互原型第四题评语　　　　　　　　　　　表6-5

第四个问题	你最喜欢的绘画方式（互动）是什么？					
参与者	参与者1 专家（女）	参与者2 初学者（女）	参与者3 初学者（女）	参与者4 初学者（女）	参与者5 初学者（男）	参与者6 专家（男）
选自参与者的原始评论	"很容易找到我想用的工具。"	"我可以画我想画的"	"我觉得应该专注于绘画，而不是学习如何使用这个系统。"	"我觉得这样运用系统来画画更有创意。"	我觉得这样能更好地进行绘画，并且对操作系统容易掌握。	"对于初学者来说，使用这个系统是非常有好处的。"

语言交互原型第五题评语　　　　　　　　　　　表6-6

第五个问题	你不太喜欢的绘画方式（互动）是什么？					
参与者	参与者1 专家（女）	参与者2 初学者（女）	参与者3 初学者（女）	参与者4 初学者（男）	参与者5 初学者（男）	参与者6 专家（男）
选自参与者的原始评论	"系统功能较少，不适合专业画家或设计师。我的意思是我喜欢用专业的绘图板或素描板画画。"	"界面设计需要改进，我需要更多的支持和提示来找到这个工具名称。"	"功能不太好。虽然从一开始理解绘画系统的概念并不难。"	"我不喜欢用鼠标画画。也许用绘图板配合创建一个绘图系统会更好。"	"我想要一个个性化的界面和功能。"	"对语言输入栏是如何工作以及如何支持我的设计工作这些问题上有点困惑……"

语言交互原型第六题评语 表6-7

第六个问题	你觉得画画时更有创造力吗？例如，它能激发你的创造性反应吗？					
参与者	参与者1 专家 （女）	参与者2 参与者 （女）	参与者3 参与者 （女）	参与者4 参与者 （女）	参与者5 参与者 （男）	参与者6 专家 （男）
选自参与者的原始评论	"是的，它是我试图找到一种可以在我想创作的时候激励我的工具。"	"当然。它很特别，我可以一直用它来画画，并且没有任何麻烦。"	"我认为我不需要记住整个菜单和不同工具的位置，这是我使用其他绘图系统时的一个大问题。"	"它能让我感觉更有创造力。"	"有时候，它可以鼓舞人心。"	"不是特别喜欢。我喜欢用Photoshop，因为我对它很熟悉。"

语言交互原型第七题评语 表6-8

第七个问题	你在使用绘图系统做你想做的事情的时候感觉容易吗？随心所欲吗？换句话说，你觉得系统明白你想要它做什么吗？					
参与者	参与者1 专家 （女）	参与者2 参与者 （女）	参与者3 参与者 （女）	参与者4 参与者 （男）	参与者5 参与者 （男）	参与者6 专家 （男）
选自参与者的原始评论	"很好。对我来说，我可以很容易理解这个系统并且找到工具来进行绘画。"	"这个绘图系统是非常有用和有效的。它可以节省我很多时间来学习如何操作它。"	"我喜欢与系统交互的方式，因为它可以在短时间内给我想要的东西。"	"是的，我想是容易的。如果这个系统能够实现个性化交互的话，那就更好了。"	"是的。我认为这个系统能够理解我想要什么，对我画这方面非常有帮助。"	"基于我的想法，我不确定我是否能把这幅画的绘画方法完全复杂化。"

语言交互原型第八题评语 表6-9

第八个问题	你喜欢这种画画的方式吗？					
参与者	参与者1 专家 （女）	参与者2 参与者 （女）	参与者3 参与者 （女）	参与者4 参与者 （男）	参与者5 参与者 （男）	参与者6 专家 （男）
选自参与者的原始评论	"是的，这对我来说是绘画的一种简单方法。"	"它令人印象深刻，我未来还会使用这个系统。"	"这是画画的好方法，但我更喜欢用钢笔或铅笔画画。"	"不喜欢用鼠标画画……"	"……易于控制和表达是我喜欢这个系统的主要原因。"	"不太喜欢，我喜欢用数字画板画画。"

语言交互原型第九题评语 　　　　　　　　表6-10

第九个问题	总的来说，你享受这种绘画体验吗？					
参与者	参与者1专家（女）	参与者2参与者（女）	参与者3参与者（女）	参与者4参与者（男）	参与者5参与者（男）	参与者6专家（男）
选自参与者的原始评论	"如果功能多到足以让我去绘制不同类型的画，我将会非常享受。"	"当然，我喜欢画画，这个系统能让我觉得画画更有趣。"	"这样的绘图系统感觉学习起来比较容易，也很容易激发创造力。"	"如果我能使用真正的产品，我感觉会更舒适、更有效率。"	"我想试试下一个版本。"	"有时候我可能会感觉到很困惑，这取决于我在做什么工作。"

语言交互原型第十题评语 　　　　　　　　表6-11

第十个问题	你还有其他看法吗？					
参与者	参与者1专家（女）	参与者2参与者（女）	参与者3参与者（女）	参与者4参与者（男）	参与者5参与者（男）	参与者6专家（男）
选自参与者的原始评论	"最好有个性化界面。"	"我认为这个系统需要增加更多的功能，让操作变得更加自由。"	"如果这个系统的功能能够满足我完成复杂绘图任务的所有需求，我就会使用它。我喜欢根据自己的需要自定义界面和功能面板。"	"我希望创建更多有用的绘图模式，并记录我所做的事情，这样我就可以很容易地回头进行更改，这很好。"	"良好的交互设计，但需要开发更好的系统"	"对于设计师来说，这是一个画草图的好帮手。"

4. 反应

从问卷来看，用户对使用纸质原型的反应体现了以下几个方面的内容：

（1）根据问题4、6、7、9的结果，我们发现6位参与者中有5位一致认为，使用特定领域的交互语言来完成以人为本的交互活动是非常有用的，因为它建立了交互方式的共同基础。因此，交互方式可以变得更加有效和自然地控制交互产品。

（2）根据问题3和问题5，6位参与者中有5位认为在系统的交互过程中表现个人的价值观和判断是很重要的。在问题1中，他们表示交互得到的反应与他们的观点和背景知识相匹配。在问题2和问题8中，6位参与者中有4位表示在交互过程中他们感觉系统是很容易操纵的。

（3）问题10的结果还显示，当我们询问参与者对于使用我们的绘图系统原型有什么意见时，6位参与者中有5位表示他们愿意继续使用此绘图系统来进行绘画设计。

6.1.5 高保真原型设计

在上一节中，我们展示了如何使用ILDP创建用户指定的交互语言来帮助用户操作的交互模式。在本节中，我们旨在分析用户如何使用Photoshop CC 2017和ILDP的高保真原型两种不同的绘图系统来体验不同的交互模式。

为了帮助用户理解如何与计算机交互，我们比较了传统交互和我们提出的交互模型——个性化交互来研究用户的交互体验。用户研究的策略是使用不同的绘图系统对同一任务进行用户测试。本案例研究从物质、认知和情感三个层面探讨了用户与产品交互的体验过程与感受。它从用户的角度衡量交互的不同方面，包括易用性、有效性、效率和满意度。

1. 高保真原型研究设计

我们设计了一组绘图任务，并将其应用于我们的纸质原型测试，参与者在一定的时间内使用Photoshop CC 2017和我们的高保真绘图工具原型完成这些任务。

我们选择Photoshop CC 2017作为一个比较的例子，因为它是一个功能性较强、使用范围较广的绘图工具。另一个原因是Photoshop CC 2017是一个基于以用户为中心的设计方法（UCD），并使用传统的交互设计框架进行设计得很好的产品例子，（Bearden，2011）。Photoshop CC 2017的特点包括一个对用户友好的界面和以用户为中心的情境交互模式（Evening，2013）。

对于评估过程，我们评估目标用户在预定义任务上的表现。此外，我们对用户进行观察并询问他们的意见，如第3章所述。

用户测试是通过录制视频（和音频）进行的。这允许我们仔细观察用户的行为并认真衡量用户的评论。在进行用户测试后，我们对数据进行了分类和分析，以明确两个系统的可用性和效率。

我们还使用问卷调查来收集参与者们关于其交互过程的看法——无论他们满意与否。为了评估用户交互的情感体验，我们设计了一份用户满意度问卷，以解决不同层面的用户交互体验的问题。

2. 参与者

我们招募了来自不同国家（澳大利亚和中国）不同领域（学术和行业）的30名参与者，包括16名女性和14名男性，平均年龄为25岁，年龄最小的是21岁，最大的是38岁。参与者被分成两组，每组各15名。第一组参与者具有丰富的数字绘图系统使用经验，大部分参与者具有绘图知识背景。其中，有10名参与者曾经或者现在正在IT领域或者HCI领域工作，平均工作经验超过1年。他们每周使用Photoshop等绘图工具的时间通常超过10个小时，而且他们对使用绘图软件拥有丰富的经验。第二组参与者几乎没有数字绘图系统的经验，也不知道如何绘图。大多数人都听说过Photoshop，但从未使用过，或者一年使用Photoshop CC 2017不到5次。

3. 材料

我们在用户研究过程中使用Photoshop CC 2017，因为这是一个非常成功的数字绘图系统，许多参与者以前都听说过或使用过它。正如我们所知，Photoshop CC 2017是一个非常强大的绘图工具，它能够满足大多数使用者的需求。同时，该软件在设计行业中得到了广泛的应用。Photoshop CC 2017的界面如图6-8所示。

图6-8　Photoshop CC 2017界面

4. 高保真原型的DSIL绘图系统

在本节中，我们将描述高保真原型的使用过程。

（1）DSIL的产生

在第4章中，我们曾经提到我们将使用三种具体的语法来构建一种基于交互语义表达的交互语言。这是通过组合三种特定语言实现的：编程语言、模式语言和面向用户的特定领域的交互语言。在实践过程中，不同的涉众基于对基本交互语义的理解，构建由接口和交互模型组成的特定的具体交互产品。例如，从设计人员的角度来看，绘图系统有两个基本的交互目标：绘图的可用性目标和绘图的体验目标。

在功能层面，编程语言被用于建立绘图系统的基本功能。我们创建了一些基本的功能，让用户使用不同的绘画工具，如钢笔、铅笔、刷子、橡皮、尺子、绘图板等进行绘图。我们使用JavaScript创建了钢笔、铅笔、橡皮擦、尺子等绘图系统的功能。同样，我们构建了不同类型的功能。这些功能允许用户有效地进行绘图操作。

在基于Web的应用程序中，我们使用JavaScript和HTML5实现了代表各种绘画相关工具的所有功能，如钢笔、铅笔、油笔、画笔等相关对象。图6-9显示了新绘图系统的高保真原型的屏幕截图。

此外，交互设计师使用特定的语法映射出不同的绘图情境，这里我们使用Photoshop CC 2017的使用指南作为模式语言来组织界面的各种元素，使用户的工作更有效率。

（2）交互语言交互模式

特定领域的交互语言将用户的语义值与系统性能联系起来。可以在屏幕底部的文本框中输入关键术语，每个单词都可以触发系统的一个独特功能和特定的交互模式（图6-10）。此外，当用户键入一个单词来表示其打算采取的行动时，系统将相应地根据特定领域的交互语言结构提供定义良好的选项列表：词汇表、语法、语义（图6-11）。

图6-9　新绘图系统的高保真原型截图

图6-10　用户通过基于情境的交互模式操作的绘图界面

图6-11　根据用户需求生成的语义界面

　　因此，当用户想要实现个性化交互时，基于情境的交互模式允许用户输入一个单词来控制系统的运行。所有的单词对用户来说都是有意义的，用户可以根据自己的目的与需求重新组织它们，在本例中这些单词是与绘图领域相关的。最初，这些词帮助用户使用交互语言操作系统，而不是通过查看功能菜单和从鼠标等指向设备上单击按钮。

当用户指向任何对象如工具（表示为图标）或调色板（对象的标题）来完成特定任务时，用户就能够创建包含所有使用过的工具和调色板的个人交互模式。最后，交互系统保存用户作为输入提供的所有单词的完整存档记录，以便动态生成一个新的界面，如图6-12。此外，用户可以通过定义和保存他们在个人概要文件中使用的一组特定工具和设置来形成用户的个人交互语言，如图6-13。这意味着用户可以更改任何对象的属性来优化绘图工具。通过这种个性化的交互模式，用户可以通过简单的、基于语言的操作提高交互的工作效率与满意度。

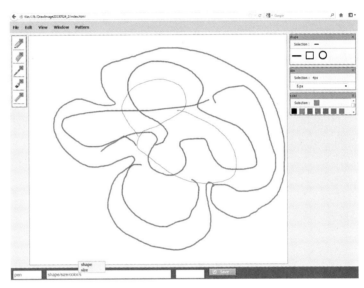

图6-12　用户个性化交互模式

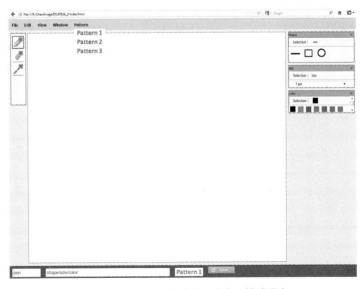

图6-13　通过应用特定情境的语言生成用户交互模式语言

（3）用户满意度问卷

我们设计了一份用户满意度问卷来分析用户的交互体验。问卷由三个不同的部分组成，分别对应于用户交互的三个方面：物质、认知和情感。在完成用户测试后，我们要求参与者完成问卷。

5. 任务

首先，参与者需要使用两个数字绘图系统：Photoshop CC 2017和我们的高保真原型来完成一组绘图任务。为了使结果更加明显，我们限制了每个任务的完成时间。在使用我们的高保真原型的过程中，参与者可以通过菜单操作系统或输入单词来实现他们的目标。任务包括三个部分：

（1）任务1：使用不同的绘画工具画一条简单的线，包括钢笔、铅笔和蜡笔。

描述：参与者的第一个任务是用钢笔、铅笔和蜡笔等不同的工具画一条简单的线。这项任务要求在5分钟内完成。

（2）任务2：使用不同的绘图工具绘制不同长度、粗细的多条线。

描述：参与者需要使用上面的工具在工作窗口中绘制不同长度、粗细的多条线。这项任务要求在5分钟内完成。

（3）任务3：绘制不同的标准形状包括不同颜色的圆、矩形和三角形（红、蓝、黄）。

描述：在最后一项任务中，参与者需要用不同的颜色绘制多个形状，如红色、蓝色和黄色。参与者可以自由选择不同形状的颜色。这项任务要求在5分钟内完成。

6. 用户体验

（1）程序

整个用户研究过程由引言、用户测试、问卷调查和访谈四个部分组成。用户研究将需要大约1小时来完成，这取决于参与者先前的技能水平。

在问卷调查中，我们向参与者简要介绍了我们自己以及研究的目的。在此之后，参与者需要在30分钟内使用Photoshop CC 2017（15分钟）和高保真原型（15分钟）完成上述三个任务。每个用户测试完后，我们会给参与者一份问卷让他们完成。

（2）数据分析

在本用户研究案例中，我们收集并分析了参与者完成任务后的数据。我们使用了三种评估技术来进行我们的研究，即用户观察、用户测试和用户满意度问卷。

1）用户观察

我们观察并通过录像记录参与者完成每个任务的过程。观察使用者的目的是根据输入操作所需的时间，研究使用者的行为倾向、绘图系统的表现和系统使用的成效。

为了避免打扰参与者,我们没有在参与者完成任务的过程中与他们交谈,除非参与者在任务过程中有疑问。然而,我们并没有回答参与者提出的有关如何使用该系统的问题,例如告诉参与者钢笔的位置以及如何制作工具的特殊效果。为了收集和分析用户的大量数据,我们将数据分为四个关键因素:任务、主要行为对用户行为的响应以及在规定时间内完成任务的成功率。

2)用户测试

①在用户测试中,我们在15分钟内为绘图任务设置了三个独立的测试(每个测试5分钟)。用户测试的重点是可用性和效率。用户使用两种绘图系统进行操作的每一步都用视频记录下来。每个用户测试的结果如表6-12。

②Photoshop CC 2017用户测试结果

在Photoshop CC 2017中,通过从调色板或工具栏中选择合适的工具并将对象插入到绘图空间中来创建绘图对象;一旦创建了对象,就可以通过操作对象的属性(如大小、形状、填充颜色等)来更改对象。其中一些更改可以直接进行,例如使用钢笔工具绘制直线,一些更改可以间接进行,例如更改对象的大小,这需要用户通过菜单选项查找设置。

使用Photoshop CC 2017进行用户测试的结果总结如表6-12所示。

使用Photoshop CC 2017的用户测试结果　　　　　　表6-12

任务	场景	主要行为	对用户行为的观察	在规定时间内(5分钟)成功完成任务
用钢笔、铅笔和蜡笔等不同的工具画一条简单的线	钢笔显示在工具栏上,其他的不显示在工具栏上	从界面和浏览菜单中寻找工具,选择工具	其他工具不会出现在工具栏上,参与者必须从托盘或菜单中查找工具才能获得合适的工具,所以用户不能直接绘图,10名参与者感到困惑	专家组(13/15)初学者组(5/15)
使用不同的绘图工具绘制不同大小的多条线	更改大小的工具不会出现在界面上	通过界面查找工具	其他工具不会出现在工具栏上,参与者必须从托盘或菜单中查找工具才能获得合适的工具,所以用户不能直接画图,7名参与者感到困惑	专家组(12/15)初学者组(8/15)
绘制不同颜色(红、蓝、黄)的圆形、矩形、三角形等标准形状	标准形状工具显示在工具栏上,其他形状不在工具栏中,颜色托盘出现在界面上	从工具栏和菜单中寻找工具,从调色板中选择颜色	不同形状的工具不会出现在工具栏和面板上,因此用户不能直接进行更改,9名参与者感到困惑	专家组(12/15)初学者组(6/15)

③高保真原型用户测试结果

使用高保真原型对参与者进行分析的结果如表6-13所示。

高保真原型用户测试结果   表6-13

任务	场景	主要行为	对用户行为的观察	5分钟内完成任务
用钢笔、铅笔和蜡笔等不同的工具画一条简单的线	钢笔显示在工具栏上，其他的不显示在工具栏上	选择语言输入工具，输入工具的单词，工具出现在界面上，用户可以直接在界面上进行修改和选择工具	使用语言输入栏获得合适的工具，参与者可以直接画画	专家组（15/15）初学者组（15/15）
使用不同的绘图工具绘制不同大小的多条线	更改大小的工具不会出现在界面上	输入工具名称并从界面中选择工具	使用语言输入栏获得合适的工具，参与者可以直接画画。只有一个参与者使用下拉菜单找到他想要的工具	专家组（15/15）初学者组（14/15）
用不同的颜色（红、蓝、黄）绘制不同的标准形状	标准形状工具显示在工具栏上，颜色托盘出现在界面上	输入工具文字，从界面中选择合适的工具	使用语言输入栏获得合适的工具，参与者可以直接进行更改	专家组（15/15）初学者组（14/15）

3）用户满意问卷研究

①分析用户的体验

在可用性测试之后，我们使用用户满意度问卷来分析参与者的交互体验。该问卷基于用户满意度问卷（Harper & Norman，1993），由三个部分组成，分别关注不同层次的参与者体验：可用性、效率和情感。为了衡量主观感受，参与者完成了一份自我评估问卷，其中每个问题都有一个5分的选择，这是基于效价和唤起维度的（Russell et al.，1989）。

②绘图系统的可用性体验（表6-14）

使用Photoshop CC 2017和高保真原型的可用性体验结果   表6-14

问题	Photoshop CC 2017		高保真原型	
	专家	初学者	专家	初学者
1. 我能有效的画画。 非常不同意=1 不同意=2 中立=3 同意=4 非常同意=5	Q1的平均响应为3.66。总的来说，15人中有11人同意或强烈同意	Q1的平均响应为2。总的来说，15人中有6人同意或强烈同意	Q1的平均响应为4.4。总的来说，15人中有13人同意或强烈同意	Q1的平均响应为4.7。总的来说，15人中有14人同意或非常同意

问题	Photoshop CC 2017		高保真原型	
	专家	初学者	专家	初学者
2. 学会画画很容易。 非常不同意=1 不同意=2 中立=3 同意=4 非常同意=5	Q2的平均响应是3。总体而言，15人中有9人表示同意	Q2的平均响应是2。总的来说，15人中有3人同意或强烈同意	Q2的平均响应是4。总的来说，15人中有12人同意或强烈同意	Q2的平均响应是4.7。总的来说，15人中有14人同意或非常同意
3. 我发现很难找到我需要的工具。 非常不同意=1 不同意=2 中立=3 同意=4 非常同意=5	Q3的平均响应为2。总的来说，15人中有6人同意或强烈同意	Q3的平均响应是4.7。总的来说，15人中有14人同意或非常同意（15个初学者中有14个同意）	Q3的平均响应是0.7。总的来说，15人中有2人同意或非常同意（15位专家中有2位同意）	Q3的平均响应为0。总的来说，15人中有0人同意或非常同意
4. 该系统界面友好。 非常不同意=1 不同意=2 中立=3 同意=4 非常同意=5	Q4的平均响应为3.7。总的来说，15人中有11人同意或强烈同意	Q4的平均响应是2.7。总的来说，15人中有8人同意或非常同意	Q4的平均响应为3。总的来说，15人中有9人同意或强烈同意	Q4的平均响应为4。总的来说，15人中有12人同意或强烈同意
5. 该系统具备所有的功能和性能，我希望如此。 非常不同意=1 不同意=2 中立=3 同意=4 非常同意=5	Q5的平均响应为4.3。总的来说，15人中有13人同意或强烈同意	Q5的平均响应为2.66。总的来说，15人中有8人同意或非常同意	Q5的平均响应为3.3。总的来说，15人中有10人同意或强烈同意	Q5的平均响应为4。总的来说，15人中有12人同意或强烈同意

③绘图系统的认知体验（表6-15）

使用Photoshop CC 2017和高保真原型的认知体验结果　　　表6-15

问题	Photoshop CC 2017		高保真原型	
	专家	初学者	专家	初学者
1. 画画很不舒服。 非常不同意=1 不同意=2 中立=3 同意=4 非常同意=5	Q1的平均响应为2。总的来说，15人中有6人同意或强烈同意	Q1的平均响应为4。总的来说，15人中有13人同意或强烈同意	Q1的平均响应为3。总的来说，15人中有9人同意或强烈同意	Q1的平均响应为0。总的来说，15人中有15人不同意或强烈不同意

续表

问题	Photoshop CC 2017		高保真原型	
	专家	初学者	专家	初学者
2. 画画的时候我觉得更有创造力。 非常不同意=1 不同意=2 中立=3 同意=4 非常同意=5	Q2的平均响应是3.7。总的来说，15人中有11人同意或强烈同意	Q2的平均响应是1.3。总的来说，15人中有4人同意或非常同意	Q2的平均响应是3。总的来说，15人中有9人同意或强烈同意	Q2的平均响应为4.3。总的来说，15人中有13人同意或强烈同意
3. 完成任务很容易。 非常不同意=1 不同意=2 中立=3 同意=4 非常同意=5	Q3的平均响应为3.7。总的来说，15人中有11人同意或强烈同意	Q3的平均响应是1.3。总的来说，15人中有4人同意或非常同意	Q3的平均响应为4。总的来说，15人中有12人同意或强烈同意	Q3的平均响应是4.7。总的来说，15人中有14人同意或非常同意
4. 完成这项任务花了太长时间。 非常不同意=1 不同意=2 中立=3 同意=4 非常同意=5	Q4的平均响应是1。总的来说，15人中有3人同意或强烈同意	Q4的平均响应为4.3。总的来说，15人中有13人同意或强烈同意	Q4的平均响应为0。总的来说，15人中有0人同意或非常同意	Q4的平均响应为0。总的来说，15人中有15人同意或强烈同意
5. 我发现这种互动很吸引人。 非常不同意=1 不同意=2 中立=3 同意=4 非常同意=5	Q5的平均响应为3.3。总的来说，15人中有10人同意或强烈同意	Q5的平均响应是1.3。总的来说，15人中有4人同意或非常同意	Q5的平均响应为3.3。总的来说，15人中有10人同意或强烈同意	Q5的平均响应为4.3。总的来说，15人中有13人同意或强烈同意
6. 我喜欢这种画法。 非常不同意=1 不同意=2 中立=3 同意=4 非常同意=5	Q6的平均响应为3。总的来说，15人中有9人同意或强烈同意	Q6的平均响应是1.3。总的来说，15人中有4人同意或非常同意	Q6的平均响应为3.6。总的来说，15人中有11人同意或强烈同意	Q6的平均响应是4.7。总的来说，15人中有14人同意或非常同意

④绘图系统的情感体验（表6-16）

使用Photoshop CC 2017和高保真原型的情感体验结果　　表6-16

问题	Photoshop CC 2017		高保真原型	
	专家	初学者	专家	初学者
1. 使用这个程序是令人愉快的。 非常不同意=1 不同意=2 中立=3 同意=4 非常同意=5	Q1的平均响应为3.3。总的来说，15人中有10人同意或强烈同意	Q1的平均响应为1。总的来说，15人中有3人同意或强烈同意	Q1的平均响应为3.3。总的来说，15人中有10人同意或强烈同意	Q1的平均响应为4。总的来说，15人中有12人同意或强烈同意
2. 使用这个程序很难表达自己的想法。 非常不同意=1 不同意=2 中立=3 同意=4 非常同意=5	Q2的平均响应是2.3。总的来说，15人中有7人同意或强烈同意	Q2的平均响应为4.3。总的来说，15人中有13人同意或强烈同意	Q2的平均响应是1.6。总的来说，15人中有5人同意或非常同意	Q2的平均响应为0。总的来说，15人中有15人同意或非常同意。 （15个初学者中0个同意）
3. 使用程序绘图感觉"自然"。 非常不同意=1 不同意=2 中立=3 同意=4 非常同意=5	Q3的平均响应为2。总的来说，15人中有6人同意或强烈同意	Q3的平均响应为1.2。总的来说，15人中有2人同意或非常同意	Q3的平均响应为3.7。总的来说，15人中有11人同意或强烈同意	Q3的平均响应为4.3。总的来说，15人中有13人同意或强烈同意
4. 你对这个项目的整体印象如何？ 非常没有价值=1 没有价值=2 中立=3 有价值=4 非常有价值=5	Q4的平均响应为2.3。总的来说，15个人中有7个人觉得非常有价值	Q4的平均响应是0.7。总的来说，15个人中有2个人觉得非常有价值	Q4的平均响应是1。总的来说，15个人中有7个人觉得非常有价值（15位专家中有3位觉得没有价值）	Q4的平均响应为5。总的来说，15个人中有15个人觉得非常有价值
5. 这个程序很新颖。 非常不同意=1 不同意=2 中立=3 同意=4 非常同意=5	Q5的平均响应为3.3。总的来说，15人中有10人同意或强烈同意	Q5的平均响应为3。总的来说，15人中有9人同意或强烈同意	Q5的平均响应为3.7。总的来说，15人中有11人同意或强烈同意	Q5的平均响应是4.7。总的来说，15人中有14人同意或非常同意

7. 讨论

通过观察参与者使用两种绘图系统完成的绘图任务，我们发现Photoshop CC

2017和高保真原型的交互模式不同。高保真原型收到了更多的积极反应，使用它的参与者完成任务的成功率更高。相比之下，Photoshop CC 2017收到的负面反应更多，顺利完成任务的用户更少。

通过比较两种不同交互模式的系统，用户发现输入文字来表达自己的意图是有效且易于使用的。

值得注意的是，Photoshop CC 2017提供了一个强大的功能栏来帮助用户找到合适的工具，这与我们的语言输入栏类似。然而，根本的区别在于Photoshop CC 2017的帮助功能只是提供了一个路径来显示用户可以在哪里找到该工具。相反，语言上的互动使交互对用户来说变得更加自然和有意义。更重要的是，用户可以使用语言输入栏继续更改工具的属性。

根据我们的观察，我们发现用户指定的交互语言通过语义交互可以提高用户和计算机之间的协作。这一结果也反映在用户交互体验的结果上。

在用户体验研究中，高保真原型在所有评价维度上都比Photoshop CC 2017更加积极。对于绘图系统的可用性体验，高保真原型较为直观，便于用户操作和学习。这些结果适用于专家（80%）和初学者（90%）。这意味着高保真原型在可用性测试中更有效地支持各种任务。这是驱动用户构建积极的认知体验和情感体验的基本步骤，因为用户的交互获得了适当的功能和有意义的界面。对于用户的认知体验，问卷调查的结果表明，用户对一个系统的探索能力越强，就越能创造性地、有效地完成任务。这意味着互动变成了一种平衡的对话和协作的互动。我们可以看到超过80%的参与者都表现出了这种意愿，比如参与者喜欢交互的方式，享受完成任务的过程。从这个角度来看，设计一个交互的关键是支持用户生成个性化的交互，与交互产品进行交流。

8. 结果

用户研究的结果可以分为两个因素：第一个因素阐述现有的人机交互问题，这些问题是由目前的设计方法产生的。第二个因素着重分析ILDP高保真原型在物质、认知、情感等不同层面上提供的交互质量。

对于第一个因素，我们认为当前的交互设计方法，例如以人为中心的和以系统为中心的交互方法，并不能一直有效地支持用户解决他们的交互问题。基于本研究的结果，我们认为有必要考虑人机交互设计的替代方法。

用户体验研究的第二个结果表明，所提出的设计方法——ILDP可以通过允许用户个性化交互，在用户和特定交互产品之间提供有意义和有效的交互。用户测试的结果表明，DSIL的应用程序可以帮助解决交互设计中的一些问题。

此外，还强调了以下几点：

（1）从用户体验分析中收集的数据表明，对于某些任务我们的高保真原型所提供的交互更适合用户实现自己的价值观，且能使用户更有效地工作。

（2）正如我们在研究中所看到的，ILDP的使用为在人机交互中开发个性化的交互模型提供了一种技术，通过以个人的方式修改与计算机的交互来实现用户的价值判断。

（3）通过交互语言，可以根据用户的个人交互体验构建面向用户的交互。

6.1.6 用户体验研究

在这一章中，我们提出了用户体验研究，包括高保真原型测试和用户满意度问卷研究。通过用户体验研究，我们发现了人机交互的一些问题，以及利用ILDP实现个性化交互的可能性。

通过对系统低保真原型以及高保真原型的调查，我们发现了以下问题：

第一，语言交互原型还存在一些缺点，用户无法全面了解交互语言是如何帮助他们的。大多数用户表示，他们有兴趣尝试一个工作系统的真正功能，并希望探索更多的可能性去构建属于自己的交互语言，随之能更好地进行绘画创作。

第二，一些专家更喜欢使用传统的交互方法，尤其是使用快捷方式来控制系统。我们发现，使用特定系统的专家用户习惯于让它以特定的方式运行，因此他们很难更改原本的交互模型。

第三，我们让参与者完成的任务非常简单，复杂程度不高，无法充分探究语义交互模型与传统交互模型之间的差异。因此，在下一阶段中，我们需要更复杂的任务来进行进一步的用户测试。此外，将纸质原型与其他现有产品进行比较也很有用。

6.2 应用案例分析

6.2.1 语义化的界面

在这里，我们将展示用户如何将标准用户界面模型转换为用户定义的语义界面。然后，我们将描述实际的用户界面呈现系统，以及它是如何通过交互语言来实现的。同时，我们将说明基于用户的交互语言，一个具体的用户接口是如何自动生成具体的用户界面来表达特定于用户的界面的。

首先，交互设计者或生产者为特定的项目提供原始的接口。一个界面可以通过两个层面进行识别：物质层面和认知层面。在物质层面上，该接口表示通常作为指令接口出现的符号系统。用户可以操作交互产品并更改界面。图6-14展示了此过程的示例。

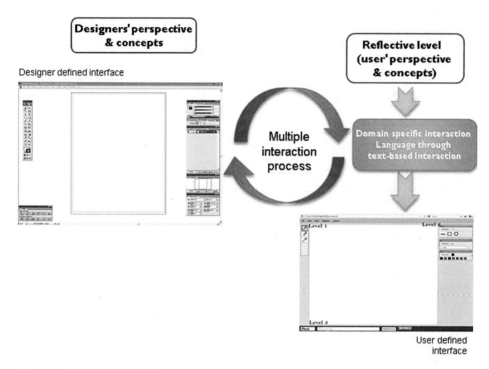

图6-14　语义接口的构建过程

　　用户可以对他们的交互模式进行更改，使交互系统能够更好地满足他们的需求。
在交互语言的交互过程中，呈现（即：应用程序的外观和布局）会根据设备概要文件、
特定于应用程序的样式指南和特定的情况进行改变。设备概要文件包含对有关设备功
能的特定于设备的约束。用户首选项和特定于应用程序的样式指南影响小部件的布局、
选择和呈现。

6.2.2　个性化的互动

　　交互语言的主要目的是促进个性化的交互模式的发展。正如我们所讨论的，信息
或内容主要通过两种方式在人和计算机之间进行交互：语言交互（文本）和直接的交
互方法，如观察、倾听和触摸（Djajadiningrat et al., 2002）。例如，可以通过阅读
标志、图片或浏览下拉菜单来查找项目，从而将信息传递给用户。当用户需要多次重
复无意义的操作（包括单击按钮和查看函数菜单来完成任务）时，这可能会变得困难。
　　当用户在操作系统的过程中遇到问题时，可以通过输入特定领域的词语来更改对
象（以触发一个新函数），从而获得适当的函数。此外，用户只需键入第一个字母，就
可以从定义良好的菜单中获得语义支持，从而找到合适的选项。一旦用户选择了一个

词语，它就会触发相应的函数，其图标就会出现在屏幕上。基于同样的推理，用户可以修改界面以便于更容易地进行工作。因此，个性化的交互模式是由用户输入词语和计算机的响应共同塑造的。

此外，通过根据用户的偏好提供一个修改过的语义选择列表，可以提高交互的质量。例如，每次用户输入一个特定的词语，系统就会识别该单词，并按特定的顺序提供选项列表。此外，用户可以通过命名来自定义函数和交互模式。这样人机交互成为一种更加和谐的活动，并支持不同的情境和交流级别。为了产生一个个性化的活动，用户将考虑如何使交互模式变得更有效，更适合和更可持续发展。因此，交互的意义和形式是可以进行转换的，以便用户能够用特殊的面向对象和面向体验的交互概念编写交互代码，这也反过来促进系统变得更加有效。

在情感层面，用户可以根据自己的个人意图或心理模式，将自己的交互系统化，从而完成特定的任务或目标。这意味着用户导向型的交互模式将通过用户的交互情感参与来呈现。换句话说，一个个体的共同基础（物质、认知和情感）建立起来了——即一个个性化的交互模式建立起来了。该模式表明用户是如何基于个人知识构建特定的界面和交互模型的。

特定领域的交互语言有助于实现用户作为语言使用的交互语义。有效的个性化交互只能从定义良好且丰富的语义上表示和用户派生的交互中产生。交互的水平决定了对话的质量以及通过交互产生的结果。用户使用面向用户的语言来查找适当的函数或安排工具的属性，这些属性与设计人员使用计算机语言控制计算机时的属性相同。

交互语言交的核心概念是通过交互语言进行交互，与终端用户的交互语义产生联系，从而建立和改变人与系统之间的关系。交互还影响着对象的运动和演化，并演化出参与者的交互语义图像。正如Zhuge所指出的，语义图像是个体之间共享的分类空间中的对象或点的网络。它通过不断的交互形成与进化。人类交互语义图像是由分类、对象、个体、关系、规则等不同的图像动态反映出来的（Zhuge，2010）。因此，交互语言的交互是建立在用户动态语义图像和人机交互不断演化的基础上的，当基于用户观念及其交互语义的交互产品和交互情况发生改变时，就会产生有效的个性化交互活动。

6.3　本章小结

本文对用户指定的交互语言进行纸质原型研究，得到了潜在用户的有效反馈信息。最重要的是，研究结果表明，得到的用户反映证实了我们对于此绘图系统的设想，即大多数参与者都乐于拥有一个工具来帮助他们实现个性化交互模式。此外，调查结果帮助我们决定如何进行一个高保真原型的开发与迭代，以及用户特定的交互语言和如何解决相关交互问题。通过对原型的评估，我们对用户的需求和困惑有了更深入的了解，这些需求和困惑就是我们开发高保真原型的出发点。在接下来的部分，我们将利用从调查中发现的主要信息来构建我们的高保真原型，目标是解决调查中出现的问题。

在本章中，我们通过描述如何使用ILDP从而创建一个人机交互中用户特定交互语言的纸质高保真原型，以及协作交互向用户提供了一些可理解的信息，还有对人们的语言使用的了解。在使用这种方法时，设计者的语言选择将受到其交际目的和目标用户的驱动。这意味着ILDP帮助设计人员在可读的体系结构下创建交互内容，以便终端用户能够完全理解。

此外，我们还展示了一个用户纸质原型体验的用户调查研究。

第 7 章

结　论

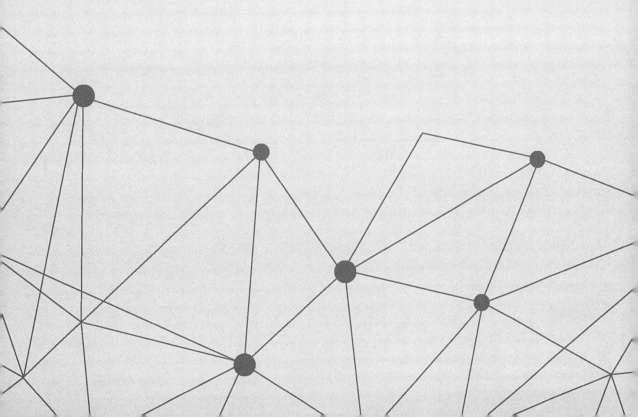

本章总结了对于交互语言研究工作的意义和价值，并对人机交互设计提出了一些未来的挑战问题。首先，我们认为交互语言设计模式提供了一种建立有效的人机交互的方法，其中计算机会对用户在其特定情况下的个人需求作出回应。其目的是使交互能够反映出终端用户的视角，依赖于他们的背景知识和能力，而不仅仅是基于预先设计好的交互技术和表单。正如我们所展示的，与其他类型的交互相比，这种类型的交互有潜力提供更有效的交互，用户认为这种交互是"自然的"。我们未来工作的主要挑战是构建一个更强大的DSIL来优化用户和计算机之间的交互。

7.1 概述

在文献综述的基础上，我们指出，通过支持多个层次的对话，用户有可能协调注意力和行动力。这意味着人机界面不仅传达了产品的功能作用，还能对用户发展的个人反思以及体验做出反应。在这种情况下，HCI设计被认为是一种内在的交流实践（Andreev，2001），在这种实践中，设计活动形成了支持有效的人机对话的交互创造。

为了实现这一目标，用户没有必要再被动地适应新技术，而是积极地改造和利用技术来满足自己的需求（Beaudouin-Lafon，2004）。越来越多的研究者和实践者认为HCI应该构建以用户为中心的交互模式。

构建此类交互模式，挑战不仅是使人们有更多的功能可用，更重要的是要在正确的时间以正确的方式提供正确的东西（Fischer，2001）。因此，交互设计师越来越发现他们自己的设计构思已经超越了目前已创建的交互系统，并能够为计算机用户提供良好的体验（Lim et al.，2008）。McCarthy和Wright认为用户体验是由人的行为、感知、思考、感觉和意义生成的，包括他们在特定环境中对交互产品的感知和感受。此外，他们指出，设计以用户体验为中心的交互产品需要采取全面的方法。他们进一步提出，用户的体验必须被理解为一个整体，不能被分解成它们的组成部分，因为体验存在于各个部分之间的关系中（McCarthy & Wright, 2004）。

从以上的角度来看，创建用户理想的体验交互产品需要在交互过程中仔细考虑用户的整体需求，使交互过程令人难忘、令人满意、令人愉快且有回报。

为了实现这一点，在本书中，我们提出了一种用于创造交互产品的设计模式，它在三个层面上提供了理想的用户体验：物质层面、认知层面和情感层面。换句话说，设计方法帮助设计师创造出符合不同用户目的（如工作、思考、交流、学习、批评、解释、争论、辩论、观察、决定、计算、模拟和设计）的产品。ILDP是建立在以人机交互为基础的思想之上，在不同的参与者（计算机和用户）之间产生共同点，涵盖不同方面和层次的交流，建立在各种类型的交流活动之上。为了创造这样的交互设计产品，我们需要为用户提供一个DSIL作为交流工具，使交互变得更加有效、更加可持续。换句话说，DSIL不仅推动设计人员创建有用的产品，而且更重要的是为终端用户提供支持，使交互变得更加有效和优化。

设计方法——交互语言设计模式（ILDP）——建立在语言、动作透视图（Winograd）的基础上。许多设计师和实践者以不同的方式使用相似的概念来创建人机交互。例如，界面设计的语言设计方法（Andreev, 2001, Tidwell, 1999, Tidwell, 2010）和人机交互设计（Bueno & Barbosa, 2007, Erickson, 2000a, Branigan et al., 2010）。

使用交互语言设计模式的一个关键结果是创建一种公共语言：用户和计算机之间的DSIL。其目的是DSIL是"设计项目的通用语言，所有利益相关者都可以使用它，特别是传统意义上在设计过程中被边缘化的人：用户"（Erickson, 2000a）。

DSIL允许用户在个人情境中的语义级别上操作特定的交互产品。本质上，通过DSIL，用户可以广泛地自定义与计算机的交互关系与交互模式。

我们的原型研究结果表明，DSIL能够帮助用户在不同的层面上建立各种各样的对话：物质的、认知的以及情感的。

7.2 意义

本研究有两大意义。第一个意义，也是最主要的意义，是我们探索了一种交互语言，它可以与典型的交互相结合，建立用户与计算机之间的个性化交互关系。第二个意义是创建交互语言设计模式（ILDP），以帮助设计人员生成DSIL并构建基于文本情境的交互，使用户能够实现个性化的交互。

这些意义有助于回答我们在本书开头提出的研究问题：我们如何创建个性化的人

机交互以促进用户与计算机之间的全面沟通？我们建议DSIL在用户和计算机之间建立全面的交互关系。结果表明，从参与者的角度来看，该方法是有价值的。我们还提供ILDP来支持设计人员创建DSIL和构建基于情境的交互，以允许用户实现个性化交互。研究表明，我们已经实现了构建用户与计算机之间的个性化交互的目标。

对于第一个主要意义，DSIL被提议与其他类型的交互绑定，通过允许终端用户自定义他们的交互来创建有效的人机交互。正如"交互设计师使用模式语言将模式解决方案绑定在一起，并帮助设计师将解决方案作为一个连贯的整体进行评估"。（Erickson，2000a）创造DSIL的目的是帮助终端用户实现个性化的交互。其目的是让设计人员和终端用户都能够理解并使用DSIL。

基于我们的用户研究结果，我们认为使用交互语言支持以下结果：

（1）改善用户的自定义模式。系统能够反映和响应用户的行为、特定的问题和体验。丰富用户的交互体验，通过交互产品构建个人关系。

（2）更容易使用，特别是对于初学者。

（3）改进了用户查找所需功能的能力，特别是对于初学者来说。

对于第二个意义，我们使用ILDP生成一个具体的DSIL，并通过使用领域特定的交互语言为用户和特定系统之间的有效交互建立共同点。通过这种方式，用户可以基于个人的动态交互体验来个性化他们的交互模式。

7.3 应用价值

在本书中，我们应用ILDP创建了一个用于绘图的DSIL来展示和评价我们的方案。通过使用绘画领域的交互语言，用户可以通过文本情境交互自定义和控制绘画系统。因此，用户可以根据自己的特定任务和目的来自定义交互产品。

我们进行了一项用户体验研究，以检验使用ILDP创建的软件是否有助于用户在与计算机交互过程中根据个人体验表达特定的概念和反映（参见问题第3.1至3.4节的结果）。研究表明，90%的参与者能够有效地使用基于文本的交互操作系统（参见问题第6.1.4节的结果）。大多数参与者，包括专家和初学者，都能有效并顺畅地完成预定义的任务（参见问题第6.1.5节的结果）。

一项用户体验研究表明，情境交互可以从两个方面改善用户的交互体验过程与感受。首先，通过基于情境的交互，帮助用户构建语义界面。用户可以根据他们的任务和目的重新组织界面。其次，个性化的交互通过完成特定的任务或以个人的方式工作，帮助用户改善交互体验。

参考文献

[1]　ANDREEV, R. D. 2001.A linguistic approach to user interface design. Interacting with Computers, 13, 581–599.

[2]　ALLWOOD, J. 1976. Linguistic communication as action and cooperation. *Gothenburg monographs in linguistics*, 2, 637–663.

[3]　ALLWOOD, J., NIVRE, J. & AHLSÉN, E. 1992. On the semantics and pragmatics of linguistic feedback. Journal of semantics, 9, 1–26.

[4]　ALLWOOD, J. 1977. A critical look at speech act theory. Logic, pragmatics and grammar. Lund: Studentlitteratur, 53–69.

[5]　ALLWOOD, J. 2007. Activity based studies of linguistic interaction.

[6]　ADLER, P. A., & Adler, P.（1994）. Observational techniques. In N. K. Denzin & Y. S. Lincoln（Eds.）, Handbook of qualitative research（pp. 377–392）. Thousand Oaks, CA, US: Sage Publications, Inc.

[7]　AllEN, I.E. & Seaman, C.A. 2007, 'Likert scales and data analyses', *Quality Progress*, vol. 40, no. 7,pp. 64–5.

[8]　ALEXANDER, C., ISHIKAWA, S. & SILVERSTEIN, M. 1977. Pattern languages. Center for Environmental Structure, 2.

[9]　AUSTIN, J. L. 1975. How to do things with words. 1962. *Cambridge, MA: Harvard UP*.

[10]　BUENO, A. M. & BARBOSA, S. D. J. 2007. Using an interaction-as-conversation diagram as a glue language for HCI design patterns on the web. Task Models and Diagrams for Users Interface Design. Springer.

[11]　BORCHERS, J. O. A pattern approach to interaction design. Proceedings of the 3rd conference on Designing interactive systems: processes, practices, methods, and techniques, 2000. ACM, 369–378.

[12]　BRANIGAN, H. P., PICKERING, M. J., PEARSON, J. & MCLEAN, J. F. 2010. Linguistic alignment between people and computers. *Journal of Pragmatics,* 42, 2355–2368.

[13]　BEAUDOUIN-LAFON, M. Designing interaction, not interfaces. Proceedings of the working conference on Advanced visual interfaces, 2004. ACM, 15–22.

[14]　BENTLEY, R. & DOURISH, P. Medium versus mechanism: Supporting collaboration through customisation. Proceedings of the Fourth European Conference on Computer-Supported Cooperative Work ECSCW' 95, 1995. Springer, 133–148.

[15]　BEVAN, N. Software Qual J（1995）4: 115. https://doi.org/10.1007/BF00402715.

[16]　BRADLEY, M.M. & Lang, P.J. 1994, 'Measuring emotion: the self-assessment manikin and the semantic differential', *Journal of behavior therapy and experimental psychiatry*, vol. 25, no. 1,pp. 49–59.

[17]　BEVAN, N. 1999. Quality in use: Meeting user needs for quality. Journal of

Systems and Software, 49, 89–96.

[18]   BAILEY, R.W., Wolfson, C.A., Nall, J. & Koyani, S. 2009, 'Performance–based usability testing: Metrics that have the greatest impact for improving a system's usability', Human Centered Design, Springer, pp. 3–12.

[19]   BØDKER, S., EHN, P., SJöGREN, D. & SUNDBLAD, Y. Co–operative Design—perspectives on 20 years with 'the Scandinavian IT Design Model'. Proceedings of NordiCHI, 2000.University of Notre Dame, 22–24.

[20]   BEARDEN, M. O. R. 2011. Eliminate the Photoshop CS5 Learning Curve with Plug–ins and Actions: Adjusting your photos the quick and easy way.... Going from bland to WOW in one or two steps, CreateSpace.

[21]   CLARK, H. H. 1996. *Using language*, Cambridge University Press Cambridge.

[22]   CLAY, S. R. & WILHELMS, J. 1996. Put: Language–based interactive manipulation of objects. Computer Graphics and Applications, IEEE, 16, 31–39.

[23]   CARD, S. K., MORAN, T. P. & NEWELL, A. 1986. The psychology of human–computer interaction, CRC Press.

[24]   CHIN, J. P., DIEHL, V. A. & NORMAN, K. L. Development of an instrument measuring user satisfaction of the human–computer interface. Proceedings of the SIGCHI conference on Human factors in computing systems, 1988.ACM, 213–218.

[25]   CHO, H. & YOON, J. 2013. Toward a New Design Philosophy of HCI: Knowledge of Collaborative Action of "We" Human–and–Technology. *Human–Computer Interaction. Human–Centred Design Approaches, Methods, Tools, and Environments.* Springer.

[26]   COUPER–KUHLEN, E. & SELTING, M. 2001. Introducing interactional linguistics. *Studies in interactional linguistics,* 122.

[27]   COOPER, A., REIMANN, R. & CRONIN, D. 2012. *About face 3: the essentials of interaction design*, John Wiley & Sons.

[28]   DEARDEN, A. 2006. Designing as a conversation with digital materials. *Design studies,* 27,399–421.

[29]   DEARDEN, A. & FINLAY, J. 2006. Pattern languages in HCI: A critical review. *Human–computer interaction,* 21, 49–102.

[30]   DENEF, S. & KEYSON, D. Talking about implications for design in pattern language. Proceedings of the 2012 ACM annual conference on Human Factors in Computing Systems, 2012.ACM, 2509–2518.

[31]   DUBBERLY, H., PANGARO, P. & HAQUE, U. 2009. ON MODELING What is interaction? : are there different types? interactions, 16, 69–75.

[32]   DUMAS, B., LALANNE, D. & OVIATT, S. 2009. Multimodal interfaces: A survey of principles, models and frameworks. *Human Machine Interaction.* Springer.

[33]   DE SOUZA, C. S., BARBOSA, S. D. J. & PRATES, R. O. 2001. A semiotic engineering approach to user interface design. *Knowledge–Based Systems,* 14, 461–465.

[34]   DJAJADININGRAT, T., OVERBEEKE, K. & WENSVEEN, S. But how, Donald, tell us how? : on the creation of meaning in interaction design through feedforward and inherent feedback. Proceedings of the 4th conference on Designing interactive systems: processes, practices, methods, and techniques, 2002. ACM, 285–291.

[35]   DEARDEN, A. & FINLAY, J. 2006. Pattern languages in HCI: A critical review. *Human - computer interaction,* 21, 49–102.

[36]   ERICKSON, T. Lingua Francas for design: sacred places and pattern languages. Proceedings of the 3rd conference on Designing interactive systems: processes, practices, methods, and techniques, 2000a. ACM, 357–368.

[37]   ESERYEL, D., GANESAN, R. & EDMONDS, G. S. 2002. Review of computer-supported collaborative work systems.

[38]   EGGINS, S. 2004. *Introduction to systemic functional linguistics*, Continuum.

[39]   ERICKSON, T. Pattern Languages as Languages. CHI' 2000 Workshop: Pattern Languages for Interaction Design, 2000b. Citeseer.

[40]   ERICKSON, T. Interaction pattern languages: A lingua franca for interaction design. UPA 98 Conference, 1998.

[41]   EVENING, M. 2013. Adobe Photoshop CS5 for Photographers: A Professional Image Editor's Guide to the Creative Use of Photoshop for the Macintosh and PC, Focal Press.

[42]   FISCHER, G. 2001. User modeling in human - computer interaction.*User modeling and user-adapted interaction,* 11, 65–86.

[43]   FORLIZZI, J. & BATTARBEE, K. Understanding experience in interactive systems. Proceedings of the 5th conference on Designing interactive systems: processes, practices, methods, and techniques, 2004. ACM, 261–268.

[44]   FORLIZZI, J. & FORD, S. The building blocks of experience: an early framework for interaction designers. Proceedings of the 3rd conference on Designing interactive systems: processes, practices, methods, and techniques, 2000. ACM, 419–423.

[45]   FONTANA, A. & FREY, J. 1994. The art of science.The handbook of qualitative research, 361–376.

[46]   FLORES, F., GRAVES, M., HARTFIELD, B. & WINOGRAD, T. 1988. Computer systems and the ontology of organization interaction.*ACM TOIS,* 6.

[47]   FISH, S. 1980. *Is There a Text in this Class? : The Authority of Interpretive Communitites*, Harvard University Press.

[48]   FISCHER, G. & GIACCARDI, E. 2006. Meta–design: A framework for the future of end–user development. *End user development.* Springer.

[49]   GUARINO, N. & POLI, R. 1995. Formal ontology, conceptual analysis and knowledge representation.International Journal of Human Computer Studies, 43, 625–640.

[50]   GIACCARDI, E., CIOLFI, L., HORNECKER, E., SPEED, C., BARDZELL, S., STAPPERS, P. J., HEKKERT, P. & ROZENDAAL, M. Explorations in social interaction design. CHI'13 Extended Abstracts on Human Factors in Computing Systems, 2013. ACM, 3259–3262.

[51]   HALLIDAY, M. A. K. 2002. On grammar, Continuum.

[52]   HUANG, K.-Y. Challenges in human-computer interaction design for mobile devices. Proceedings of the World Congress on Engineering and Computer Science, 2009. 236–241.

[53]   HARRISON, S., SENGERS, P. & TATAR, D. 2011. Making epistemological trouble: Third-paradigm HCI as successor science. Interacting with Computers, 23, 385–392.

[54]   HAQUE, U. 2006. Architecture, interaction, systems. AU: Arquitetura & Urbanismo, 147, 68–71.

[55]   HOLTZBLATT. 2005. Customer-centered design for mobile applications. Personal Ubiquitous Comput.9, 4 (July 2005) , 227–237.

[56]   HALLIDAY, M. A. 1994. Functional grammar. *London: Edward Arnold*.

[57]   HARPER, B. D. & NORMAN, K. L. Improving user satisfaction: The questionnaire for user interaction satisfaction version 5.5. Proceedings of the 1st Annual Mid-Atlantic Human Factors Conference, 1993. 224–228.

[58]   IXDA. 2014. Available: http://www.ixda.org/about/ixda-mission.

[59]   JOKINEN, K. 2009. Constructive Dialogue Model (CDM) . Constructive Dialogue Modelling: Speech Interaction and Rational Agents, 53–72.

[60]   JOHNSON-LAIRD, P. N. 1983. *Mental models: Towards a cognitive science of language, inference, and consciousness*, Harvard University Press.

[61]   KOHLHASE, A. 2008, 'Semantic interaction design: composing knowledge with CPoint', University of Bremen.

[62]   KAPTELININ, V. & BANNON, L. J. 2012. Interaction design beyond the product: Creating technology-enhanced activity spaces. Human, ÄìComputer Interaction, 27, 277–309.

[63]   KENDON, A. 2009. Language's matrix. Gesture, 9, 355.

[64]   KRIPPENDORFF, K. 2005. *The semantic turn: A new foundation for design*, crc Press.

[65]   KAHN, R. L. & CANNELL, C. F. 1957. The dynamics of interviewing; theory, technique, and cases.

[66]   KAPLAN, B. & Maxwell, J.A. 2005, 'Qualitative research methods for evaluating computer information systems', *Evaluating the Organizational Impact of Healthcare Information Systems*, Springer, pp. 30–55.

[67]   LIM, Y.-K., DONALDSON, J., JUNG, H., KUNZ, B., ROYER, D., RAMALINGAM, S., THIRUMARAN, S. & STOLTERMAN, E. 2008. Emotional experience and interaction design. Affect and Emotion in Human-Computer

Interaction. Springer.

[68] LANGDON, P., CLARKSON, J., ROBINSON, P., LAZAR, J. & HEYLIGHEN, A. 2012. *Designing Inclusive Systems*, Springer.

[69] LIDDLE, D. Design of the conceptual model. Bringing design to software, 1996. ACM, 17–36.

[70] MCCARTHY, J. & WRIGHT, P. 2004. Technology as experience.*interactions*, 11, 42–43.

[71] MYERS, B. A. Separating application code from toolkits: eliminating the spaghetti of call-backs. Proceedings of the 4th annual ACM symposium on User interface software and technology, 1991. ACM, 211–220.

[72] MORSE, Janice M & Richards, Lyn, 1944– 2002, Readme first for a user's guide to qualitative methods, Sage, Thousand Oaks, Calif. ; London.

[73] MAHEMOFF, M. J. & JOHNSTON, L. J. Pattern languages for usability: An investigation of alternative approaches. Computer Human Interaction, 1998. Proceedings. 3rd Asia Pacific, 1998. IEEE, 25–30.

[74] MONK, A. 2009. Common ground in electronically mediated communication: Clark's theory of language use. HCI models, theories, and frameworks: Toward a multidisciplinary science, 265–289.

[75] MACKAY, W. E. Which interaction technique works when? : floating palettes, marking menus and toolglasses support different task strategies. Proceedings of the Working Conference on Advanced Visual Interfaces, 2002. ACM, 203–208.

[76] MARTINEC, R. & VAN LEEUWEN, T. 2009. *The language of new media design: Theory and practice*, Routledge.

[77] MORRIS, P. 1994. The Bakhtin Reader Edward Arorld, London.

[78] MORSON, G. S. & EMERSON, C. 1990. *Mikhail Bakhtin: Creation of a prosaics*, Stanford University Press.

[79] MOGGRIDGE, B. & SMITH, G. C. 2007. *Designing interactions*, MIT press Cambridge.

[80] NORMAN, D. A. 1988. The psychology of everyday things, Basic Books(AZ).

[81] NORMAN, D.A. 2002, The design of everyday things, Basic Books(AZ).

[82] NORMAN, D. A. & DRAPER, S. W. 1986. *User centered system design; new perspectives on human-computer interaction*, L. Erlbaum Associates Inc.

[83] NIELSEN. 1996. Usability Metrics: Tracking Interface Improvements. IEEE Softw. 13, 6(November 1996), 12–13.

[84] NIELSEN, J., TAHIR, M. & TAHIR, M. 2002. Homepage usability: 50 websites deconstructed, New Riders Indianapolis, IN.

[85] NORMAN, D. A. 2007. *Emotional design: Why we love(or hate)everyday things*, Basic books.

[86] OVIATT, S. 2003. User-centered modeling and evaluation of multimodal interfaces.Proceedings of the IEEE, 91, 1457–1468.

[87]   PETRA SUNDSTRöM1, A. S. H., KRISTINA HööK 2005. A user-centered approach to affective interaction. Affective Computing and Intelligent Interaction. Springer.

[88]   PAPPAS, H. 2011. HCI and Interaction Design: In search of a unfied language. KTH.

[89]   POLOVINA, S. & PEARSON, W. 2006. Communication+ Dynamic Interface= Better User Experience. *Encyclopaedia of Human Computer Interaction*, 85.

[90]   PREECE, J.R. & Rogers, Y. 2007, 'SHARP (2002): Interaction Design: Beyond Human-Computer Interaction', *Crawfordsville: John Wiley and Sons, Inc. Answers. com Technology*.

[91]   PAN, Y. & STOLTERMAN, E. Pattern language and HCI: expectations and experiences. CHI'13 Extended Abstracts on Human Factors in Computing Systems, 2013. ACM, 1989-1998.

[92]   PRESS, N. C. D. 1996. Organizational communication. *An Integrated Approach to Communication Theory and Research*, 383.

[93]   PANE, J. F. & MYERS, B. A. 2006. More natural programming languages and environments.*End User Development*. Springer.

[94]   RYU, H. & MONK, A. 2009. Interaction unit analysis: A new interaction design framework. *Human, ÄìComputer Interaction*, 24, 367-407.

[95]   ROGERS, Y., SHARP, H. & PREECE, J. 2011. *Interaction design: beyond human-computer interaction*, Wiley.

[96]   RUBIN, J. & CHISNELL, D. 2008. Handbook of usability testing: howto plan, design, and conduct effective tests, John Wiley & Sons.

[97]   RUMBAUGH, J., JACOBSON, I. & BOOCH, G. 1999. The unified modeling language reference manual.

[98]   RUMPE., D. H. A. B. 2004. Meaningful Modeling: What's the Semantics of "Semantics"? *Computer*, 37, 64 - 72.

[99]   RUSSELL, J. A., LEWICKA, M. & NIIT, T. 1989. A cross-cultural study of a circumplex model of affect.Journal of personality and social psychology, 57, 848.

[100]   STANTON, N. A., HEDGE, A., BROOKHUIS, K., SALAS, E. & HENDRICK, H. W. 2004. Handbook of human factors and ergonomics methods, CRC Press.

[101]   STIVERS, T. & SIDNELL, J. 2005. Introduction: multimodal interaction. Semiotica, 2005, 1-20.

[102]   SENGERS, P., BOEHNER, K. & KNOUF, N. Sustainable HCI meets third wave HCI: 4 themes. CHI 2009 workshop, 2009.

[103]   SUCHMAN, L. A. 1987. Plans and situated actions: the problem of human-machine communication, Cambridge university press.

[104]   SHNEIDERMAN, B. 1993. 1.1 direct manipulation: a step beyond programming languages. Sparks of Innovation in Human-Computer Interaction, 17.

[105]   SHNEIDERMAN, B., NORMAN, K. L., PLAISANT, C., BEDERSON, B. B., DRUIN, A. & GOLBECK, J. 2013. 30 years at the University of Maryland's human-

computer interaction lab（HCIL）. interactions, 20, 50–57.

[106]　SHNEIDERMAN, Donald Byrd, and W. Bruce Croft. 1998. Sorting out searching: a user–interface framework for text searches. Commun. ACM 41, 4（April 1998）, 95–98.

[107]　SAFFER, D. 2007. Designing for interaktion. Berkeley Calif: New Rider.

[108]　SCHEGLOFF, E. A. 1997. Whose text? Whose context? *Discourse & Society,* 8, 165–187.

[109]　SCHULER, D. & NAMIOKA, A. 1993. *Participatory design: Principles and practices*, Routledge.

[110]　TIDWELL, J. 1999. Common ground: A pattern language for human–computer interface design.

[111]　TUBBS, S. 2010. human communication principle and context.

[112]　TILLY, K. & PORKOLÁB, Z. 2010. Semantic user interfaces. International Journal of Enterprise Information Systems（IJEIS）, 6, 29–43.

[113]　TIDWELL, J. 2010. Designing interfaces, O'Reilly.

[114]　WALLER, S., GOODMAN–DEAN, J., LANGDON, P., JOHNSON, D. M. & CLARKSON, P. J. Developing a method for assessing product inclusivity. Proceedings of ICED 09, the 17th International Conference on Engineering Design, Volume 5: Design Methods and Tools, Part 1, 2009. Design Society, 335–346.

[115]　WRIGHT, P., WALLACE, J. & MCCARTHY, J. 2008. Aesthetics and experience-centered design. *ACM Transactions on Computer–Human Interaction（TOCHI）,* 15, 18.

[116]　WINOGRAD, T. A language/action perspective on the design of cooperative work. Proceedings of the 1986 ACM conference on Computer–supported cooperative work, 1986. ACM, 203–220.

[117]　KE Whiteside, TL Whiteside, RE Studer⋯ – US Patent App. 29 ⋯, 1998 – Google Patents.

[118]　WINOGRAD, T. 1997. The design of interaction. *Beyond calculation.* Springer.

[119]　ZHUGE, H. 2010. Interactive semantics. *Artificial Intelligence*, 174, 190–204.

后 记

　　撰写书籍需要投入巨大的精力，我本人完成的工作仅是整个工作流程中的一部分。在本书出版的过程中，许多人参与了本书的编撰工作，在此我衷心地感谢他们。在本书的编写过程中Ernest Edmonds和Andrew Johnston提出了很多的宝贵建议和修改意见，使本书一直保持正确的方向以及更为重要的前沿性。另外，感谢Rodney Berry一直协助我梳理书中复杂的概念和要点，使本书能够向读者传达清晰准确的讯息。我的团队成员徐韵青、代幸洋、魏圆担负了本书的资料收集和统稿工作，帮助我提高了本书的质量，没有这支优秀团队的帮助，我无法撰写出这本书使其与读者见面。

　　同时，我还要感谢中国建筑工业出版社的优秀团队，他们出色的专业能力和紧密合作促成了本书的顺利出版。

　　当然，特别需要感谢的还有我亲爱的家人们，他们也给予了我无私的帮助和鼓励，使我保持不断前进的动力，能够顺利地完成本书的撰写。